AF455407

COURS DE CHYMIE.

TOME CINQUIEME.

COURS
DE
CHYMIE,

POUR
SERVIR D'INTRODUCTION
à cette Science.

PAR NICOLAS LEFEVRE, Professeur Royale en Chymie, & Membre de la Société Royale de Londres.

CINQUIEME EDITION,

Revûe, corrigée & augmentée d'un grand nombre d'Opérations, & enrichie de Figures.

PAR M. DU MONSTIER, Apoticaire de la Marine & des Vaisseaux du Roi ; Membre de la Société Royale de Londres & de celle de Berlin.

TOME CINQUIEME.

A PARIS,
Chez JEAN-NOEL LELOUP, Quay des Augustins, à la descente du Pont Saint Michel, à Saint Jean Chrysostome.

M. DCC. LI.

TABLE DES CHAPITRES ET ARTICLES Contenus au Tome V. de la Chymie.

Autre

Fin de la Table des Chapitres.

TRAITÉ DE CHYMIE EN FORME D'ABRÉGÉ.

Huile de Leonh. Fioraventi au second Livre de ses Caprices, Chap. 53.

PRENEZ huile commune vingt livres; vin blanc, une livre; faites les bouillir tant que le vin soit consommé : puis mettez cette huile en un vaisseau de terre verni, bien bouché, que vous enfoncerez deux coudées sous terre, & l'y laisserez six mois entiers : le temps pour le tirer hors de terre, est ou le premier ou le second jour du mois d'Août, ou au mois de Février, & sera comme une huile presque de cinquante ans : mais avant de la mettre sous terre, jettez-y fleurs de romarin trois livres, bois d'aloës six onces, encens, bdellium, de chacun dix onces : après que vous l'aurez tiré de dessous terre, exposez-la au Soleil & y ajoûtez ces matiéres, saulge, romarin, ruë, béthoine, mille feuille, racine de grande consoude, tamarisc, coulevrée, de chacun une poignée, galanga, cloux de girofle, noix-muscade, aspic, safran de chacun deux onces; aloës hépatique, résine de pin, de chacun huit onces; poix grecque une livre, cire jaune, graisse de porc, de chacun dix-huit onces, millepertuis avec sa graine deux livres, musc une dragme, mêlez toutes ces matiéres ensemble, & les faites bouillir dans le bain jusqu'à ce que toutes ces herbes deviennent séches, & n'ayent plus de substance, alors tirez-les hors du vaisseau, & les coulez par le linge, puis ajoûtez à l'huile coulée pour chaque livre six dragmes, du baume artificiel de Fioraventi : quand le mois de Septembre sera venu, ajoûtez-y deux livres du fruit de l'herbe balsamine rouge, & vous aurez une liqueur que vous garderez soigneusement en un vaisseau bien bouché, afin qu'elle ne s'évante pas, & plus elle sera vieille, plus elle sera bonne. Elle est de si grande vertu qu'elle guérit en quarante jours les hydropiques & hétiques, leur en donnant par la bouche tous les matins demie-once de cette liqueur, avec une once de ſyrop de roſes laxatif chaudement, elle eſt bonne pour les playes des veines, nerfs, os, par injections ou inſtillations chaudes, la teigne par linimens deſſus la tête, les froideurs de la tête, & catharres par applications d'icelle faites ſoir & matin ès narines, parce que l'odeur qui en tranſpire, diſſipe & conſume la corruption des humeurs amaſſées en la tête & eſtomac. Si l'eſtomac en eſt frotté, la digeſtion ſera rendue meilleure; outre cela elle delivre de la retention d'urine cauſée par carnoſité, chaudepiſſe ou autres accidens. Elle fait croître le poil, entretient la barbe en ſa noirceur, & fait mourir les vers: l'on a connu par pluſieurs expériences qu'elle ſert à toutes ces maladies, & à une infinité d'autres, ſauf aux douleurs & goutes de vérole, eſquelles elle nuit & les augmente beaucoup.

Huile de Thériaque & d'Oignon, qui fait ſuer dans la peſte.

Prenez un oignon blanc, vuidez-le par le milieu, empliſſez le lieu vuide de thériaque, & le trou étant bouché, envelopez-le de linge de lin moite, & le mettez ſous les cendres chaudes l'eſpace d'une demiheure, puis diſtillez-les par l'alambic: donnez au patient deux onces de cette liqueur distillée, autant en fait l'eau distillée des noix vertes prise à la quantité de six dragmes. *Fumanel.*

Poudre purgative.

L'on dissout un gros de scammonée dans une chopine d'esprit de vin; l'on filtre & l'on verse cette liqueur peu-à-peu dans une écuelle d'argent sur huit onces de crême de tartre en poudre & à une petite chaleur, l'on remue jusqu'à siccité.

L'on fait la teinture de roses ordinaire avec une pinte d'eau chaude & un gros d'esprit de vitriol, on filtre & l'on verse cette teinture sur la crême de tartre préparée.

L'on met infuser un gros d'anis & autant de canelle dans de l'esprit de vin; on filtre cette derniére teinture, & on la verse sur la même crême de tartre, elle devient rouge, on évapore jusqu'à sec.

La dose est un gros ou deux dans un bouillon de veau ou bouillon aux herbes, mais sans sel. *De Saulx.*

Baume artificiel de l'invention de Fioraventi, Médecin Italien.

Fioraventi Italien, Médecin, au second Livre de ses Caprices, Chap. 3, fait ce baume artificiel fort estimé: prenez térébentine très-fine une livre, huile de laurier trois onces, galbanum trois onces, gomme arabique quatre onces, encens, myrrhe, gomme, de liére, bois d'aloës, de chacun trois onces, galanga, cloux de girofles, racines de grande consoude, canelle, noix-muscade, zedoarre, gingembre, dictame blanc, de chacun une once, musc, ambre, de chacun une dragme : pilez-les ensemble, & les mettez à la retorte, ajoutez-y six livres d'eau-de-vie de la meilleure : laquelle vous mettrez au feu dans une grande terrine, mêlant bien le tout, & les laissez infuser ensemble l'espace de neuf jours, à la fin faites les distiller sur les cendres : il sortira premiérement une eau fort blanche avec l'huile, en continuant toujours un feu lent jusqu'à ce que vous voyez la couleur de l'huile se changer en noir : alors mettez un autre récipient, & augmentez le feu pour achever la distillation, laquelle étant finie, séparez l'eau d'avec l'huile, tant de la premiére que de la seconde distillation, & les gardez chacune à part : l'eau premiére blanche est appellée eau de baume, & l'huile premiére séparée, huile de baume. L'eau seconde noirâtre est nommée mere du baume, & la liqueur séparée d'avec l'eau noirâtre, est ce qu'on appelle baume artificiel, qu'il faut garder soigneusement comme chose très-précieuse : la premiére eau clarifie les yeux, & fortifie la vûe. La face étant lavée de cette eau, en devient plus belle. Elle conserve la jeunesse & retarde la vieillesse, rompt le calcul des reins, provoque l'urine retenue par carnosités, guérit merveilleusement toutes sortes de playes sur le corps, si on les lave avec cette eau, en leur appliquant plumaceaux baignés en icelle, soulage les hétiques, cathareux, & toute sorte de toux; & fomentant les parties, appaise incontinent la douleur de la sciatique.

L'autre eau qui est nommée mere du baume, desséche facilement les gratelles, fait le semblable à la teigne, lépre & tous ulcéres moyennant qu'ils ne soient corrosifs: l'huile de baume sert à une infinité de maladies, principalement aux playes de tête qui sont avec fractures d'os, & blessure de membranes du cerveau, si l'on en y insinuë quelques goutes; sur-tout elle est admirable pour la pleurésie, si l'on en boit une dragme avec eau une seule fois.

Quant au baume, ses effets en sont admirables pris par la bouche, le poids de deux dragmes, il appaise sur le champ les douleurs de côtés, est singulier pour la toux, catharre, froideur de tête & d'estomac, souverain pour les playes de tête, si on en frote toute la tête une fois le jour, parce qu'il pénétre facilement jusqu'aux parties les plus éloignées, résout incontinent toute sorte de tumeurs, guérit la fiévre-quarte, en frotant tout le corps sans excepter une seule partie.

Huile des Philosophes faite de Térébentine & de Cire.

Cette huile est un baume secret, qui a beaucoup de vertus, & qui surpasse toutes autres liqueurs, parce qu'il est fait de deux simples, qui ne sont point sujets à corruption, comme le remarque *Leonh. Fioraventi. Chap.* 52. *du* 2ᵉ. *Liv. de ses Caprices.*

Prenez donc térébentine claire de sapin, dix onces, cire jaune de bonne odeur, douze onces; cendres de vignes, six onces : le tout soit mis dans une retorte bien lutée, faites distiller sur les cendres jusqu'à ce qu'il n'y reste plus rien : après que la distillation sera finie, vous verrez la cire coagulée autour du col de la retorte; c'est la marque de la fin de la distillation : gardez soigneusement cette huile distillée dans un vaisseau de verre: ceux qui s'en oindront le corps deux fois le mois, conserveront long-temps leur jeunesse en santé: elle préserve la chair de toute corruption & pourriture, & guérit toute sorte de playes en les en frottant ou imbibant trois ou quatre fois; prise par la bouche le poids de deux dragmes, elle provoque l'urine retenue : on en donne aussi contre les vers, points de côtés, toux, catharres, fiévres pestilentielles, & semblables affections d'infirmités.

Huile benite de Leonhart Fioraventi.

Prenez blancs d'œufs cuits durs, douze onces; térébentine claire, quatorze onces; myrrhe choisie, trois onces, mêlez ensemble & distillez-en la retorte, donnez le feu premiérement doux, ensuite augmentez-le de plus en plus & poursuivez votre distillation jusqu'à la fin, laquelle étant finie, séparez l'eau d'avec l'huile, & gardez chacune à part comme une liqueur précieuse, pour toutes sortes de playes, elle appaise soudainement la douleur de côté & la retention d'urine, si vous en mettez quelques goutes dans les lavemens, elle dissipe ce qui est contenu ès reins & autres parties, où l'on ne peut appliquer aucun reméde local ou topique.

Pour l'estomac foible & débile.

Prenez syrop de menthe, une once; eau de canelle, trois onces & demie; huile de canelle, deux goutes; huile de vitriol, trois goutes, mêlez bien ensemble & donnez-en hardiment pour la débilité du ventricule.

Le vrai reméde pour ceux qui ne peuvent retenir l'urine pour avoir les conduits trop ouverts de Fioraventi.

Ceux qui ne peuvent retenir l'urine pour la dilatation des conduits, ce qui fait que l'urine ne peut être retenue en la veſſie, ont beſoin pour y remédier, de conſolidation & de reſtraindre intérieurement l'ouverture de ces conduits : ce qui ſe peut faire avec facilité en donnant à boire au patient une dragme de fine poudre de maſtic blanc, avec du gros vin le matin avant de manger, & autant le ſoir, deux heures avant ſouper ; car le maſtic a de la chaleur & reſſerre les parties, & en peu de temps il fait ſon opération, & ce reméde eſt de ceux qui ſont faciles à faire & de grande efficace, autant qu'autre qui ſe puiſſe trouver, en ayant vû une infinité d'expériences, principalement aux petits enfans, qui ſont ſouvent affligés de cette maladie.

Sel contre la Gravelle & la Pierre.

Paracelse prétend qu'il n'y a point d'assurance contre le calcul en la longueur des remédes, voici néanmoins la vraye préparation d'iceux.

Prenez donc:
- Yeux d'Écrevisse.
- Pierre ou Gravelle d'homme.
- Pierre judaïque.
- Pierre de Lynx.
- Pierre d'Éponge.
- Pierre d'Aigle.
- Cristal.
- Caillou.
- Pierre des Poissons appellés Perches.

Mettez le tout dans du vinaigre distillé pour dissoudre ; réitérez l'infusion jusqu'à l'entiére dissolution: préparez-en un sel en distillant doucement le vinaigre. Usez de ce sel ou seul, ou résous-le dans quelque liqueur ; après toutefois que vous l'aurez souvent purifié ou dulcifié avec eau de pluye, que filtrerez & évaporerez.

Les yeux d'Écrevisse & les pierres citrines, ou de perches, n'ont pas besoin de calcination, car d'elles-mêmes elles se réſolvent dans le vinaigre diſtillé, ni plus ni moins que les perles & les coraux.

Quant aux autres, comme criſtal, caillou, pierre judaïque, de lynx, d'éponge & d'aigle, doivent être premiérement calcinées avec le ſoufre, & nitre; puis les réſoudre avec le vinaigre térébentiné; il faut après garder ce ſel dulcifié pour ſon uſage.

De ces pierres ſpécifiques vous aurez un reméde univerſel pour le calcul, & maladies tartarées.

Un chacun des ſuſdits ſpécifiques en particulier, eſt ſuffiſant (pourvû qu'il ſoit préparé comme il faut) pour guérir ladite maladie.

Montanus croyoit que le criſtal de Paracelſe (lequel contient en ſoi toutes les ſignatures du tartre) n'étoit qu'une fable, car, diſoit-il, il ne ſe peut faire que toutes les eſpéces de calcul, & tartre ſoient connues, d'autant qu'il y en a pour le moins cinq cens, leſquelles demandent leur reméde ſpécifique, à quoi cependant je ne m'arrête nullement.

Les vertus, uſages, & doſe dudit ſel.

Ce ſel eſt admirable pour toute ſorte de calcul, en quelque partie du corps que ce ſoit.

La doſe eſt d'un ſcrupule à deux pour

ceux qui craignent ſeulement d'en être atteints, & en doivent prendre tous les derniers quartiers de la Lune dans du ſyrop convenable.

Ceux qui ſont atteints du calcul en doivent prendre depuis deux ſcrupules, juſqu'à une dragme pour leur ſanté, avec des eaux ſpécifiques, comme d'arrête-bœuf, ſaxifrage, pimpernelle ou perſil.

Aux femmes, on le doit donner dans l'eau de méliſſe, ou de geniévre.

Deux Obſervations à ce ſujet.

Notez que pour rendre ce ſel volatil ou léger, il le faut ſouvent diſſoudre, & ſur la fin le digérer avec de bon eſprit de vin, & puis le retirer aux cendres chaudes par évaporation; d'autant qu'après quelque putréfaction que ce ſoit, il monte une demie-once de ſel: quant à l'eſſence de vin, ſelon l'opinion de Paracelſe, elle ne doit aucunement être ſéparée d'avec le ſel volatil, afin que par ce moyen il agiſſe plus puiſſamment ſur le tartre intérieur; car lorſque l'eſprit de vin eſt fermenté avec la vertu deſdites pierres, il a plus de force pour diſſoudre le calcul de l'homme.

Perſonne ne ſe doit étonner de ce qu'il fait calciner avec le ſel nitre les pierres de criſtal, caillou, judaïque, de lynx, d'éponge & d'aigle, c'eſt pour les faire plus aisément dissoudre dans le vinaigre. D'ailleurs le sel nitre crud purifié par le soufre, avec un peu de safran, de macer & pierres citrines, est un réméde très-efficace pour le calcul. *Tiré de la Chymie de Crollius.*

Teinture de Corail sans acide.

Ayez un pain sans levain que vous ferez cuire, prenez-en la quantité dont vous aurez besoin, que ce pain soit seulement à moitié cuit. On le coupera tout chaud par morceaux pour être exposé dans une terrine aux rayons de la Lune pendant toute la nuit, & avant le lever du Soleil, on le mettra dans un alambic de verre qu'on lutera exactement après y avoir avoir appliqué un récipient. On distille le tout au bain-marie jusqu'à siccité, observant néanmoins de ne pas trop dessécher le pain, parce que le dissolvant sentiroit l'empireume & seroit de mauvais gout. Pour se servir de ce dissolvant, on met le corail en poudre, après l'avoir bien nétoyé avec de la mie de pain. On verse ce dissolvant sur la poudre de la hauteur de deux pouces dans un mattras bien lutté qu'on met en digestion au bain-marie pendant vingt-quatre jours sans discontinuer le feu.

La dose de cette teinture est d'une cuillerée, ou deux si le cas est pressant,

Elle purifie le sang, remédie à la dissenterie, tempére les acides & l'âcreté de la bile, fortifie le foye, est spécifique contre les pertes blanches des femmes ; il en faut user quelque temps, mais toujours à jeun, & ne manger qu'une heure après.

Sel de Corail.

Le sel de corail doit être purifié de même que celui des coquilles qui portent les perles, ou que les yeux d'Ecrevisse & autres pierres crustacées. Tous ces sels se résolvent aux mois de Juin, Juillet & Août dans des caves fraiches, sur des porphires ou marbres, ou sur des tables de verre ; alors ces endroits sont plus frais, & je ne pense pas qu'on y puisse arriver en autre temps qu'en celui que j'ai dit. Personne n'a encore pu voir la vraye & essentielle teinture du corail ; car celle que plusieurs croyent être la meilleure & la véritable, qui se fait avec l'infusion d'eau de miel, est plutôt la teinture du miel que du corail. Il y a beaucoup de dissolvants, lesquels (s'ils demeurent quelque temps en digestion) rougissent de leur propre mouvement, comme il paroit par l'esprit de térébentine souvent rectifié ; & par ce moyen ceux qui le vendent trompent ceux qui ne sont pas bien experts, d'autant qu'ils croyent avoir la teinture de la chose dissoute, & ils n'ont cependant que le seul dissolvant. L'esprit même de vin versé sur le sel de corail, quoi qu'il devienne rouge par la digestion, n'acquiert pas néanmoins la vraye rougeur. Il y en a qui dissolvent le corail dans l'esprit du sel, mettant l'esprit de vin bien rectifié sur la solution, & disent que cet esprit attire la teinture qui nage par dessus, & qu'il se peut après remettre par séparation au bain avec l'entonnoir.

L'usage & les forces du sel du Corail.

Comme les coraux croissent merveilleusement, ainsi leurs mistéres secrets, & leurs effets sont admirables; sur-tout leur sel est d'usage dans la Médecine pour ses vertus toutes particuliéres.

La premiére vertu du sel de corail, est que naturellement il mondifie & renouvelle le sang, tellement qu'il restitue la vigueur perdue, & redonne la premiére santé du corps perdue par la corruption du sang, & c'est en peu de temps que les effets s'en font sentir.

Il arrête le sang menstruel intempéré des femmes, pourvû qu'on le donne avec de l'eau de plantin.

Il arrête tout flux de ventre, & tout flux de sang, & évacuation d'hémorroïdes.

Et pour la mondification & renouvellement du ſang, il doit être donné en eau de fumeterre ou de chicorée.

Il arrête les putréfactions, renforce le cœur, & les eſprits vitaux, & les défend contre le venin.

Il fortifie & corrobore l'eſtomac, & la chaleur naturelle.

Il ôte toutes les obſtructions des principales parties comme du foye, poulmons, reins, &c.

Il a cette vertu particuliére de diſſoudre le ſang qui eſt congelé ou coagulé.

Il fait des merveilles en la ſuffocation de matrice trop véhémente, & aux ſuperfluités des mois, donné avec eau d'armoiſe, méliſſe, ou pulegium.

Il ſert pour l'hidropiſie, ſpaſme, paraliſie & épilepſie, continuant d'en prendre en eau de canelle. Il fait des merveilles contre le calcul donné en eau d'arrêtebœuf.

La doſe du ſel de Corail.

La doſe ordinaire du ſel de corail doit être de ſix à dix grains pour les jeunes gens; pour ceux qui ſont plus âgés d'un ſcrupule à deux ſelon le jugement du ſage Médecin.

Il ſe peut donner dans un œuf mollet, au lieu & place du ſel commun qu'on y met, dans du boüillon, dans du vin bon & fort, dans de l'eau de canelle; outre qu'on en peut librement faire des tablettes.

Ses forces & son usage externe.

Il guérit les ulcéres vieux & malins. *Tiré de Crollius en sa Chymie Royale.*

Sel des Perles Orientales.

On a cherché souvent à dissoudre les perles orientales, soit par l'esprit de vitriol, par l'esprit de gayac rectifié, par eau de Langoustes ou Sauterelles & par l'eau de jeune chêne; toutefois la meilleure & la plus assurée, est par le moyen du vinaigre distillé.

Après la solution il faut retirer le vinaigre, afin de dessécher le sel, & l'attraction se peut faire par le filtre ou autrement. Or pour avoir votre sel fort bon, il faut procéder ainsi: ayez eau de pluye distillée, ou rosée de May recueillie sur le froment, & après filtrée, desquelles vous laverez bien votre sel, puis l'évaporez, continuant cela cinq ou six fois, & vous aurez le sel de perles, très-purifié & blanc comme neige. *Tiré du même Crollius en sa Chymie Royale; aussi-bien que ce qui suit jusqu'au milieu de la page 20. ci-après.*

Qualités & usage du sel de Perles.

Ce sel de perles est un cordial excellent, lequel va presque de pair avec l'or potable.

Il est souverain pour les contractions, & résolutions de nerfs, pour les convulsions & phrénésies.

Il conserve le corps en santé, & remet en état celui qui a souffert quelque douleur.

Il corrige le lait des femmes, & augmente la semence de l'un & de l'autre sexe.

Il conforte le cerveau, aide la mémoire, & corrobore le cœur donné avec eau de canelle, bourache, buglose, ou sauge.

Il guérit l'apoplexie, & chasse le vertige, ou tournoyement de tête.

Il desséche & consomme les mauvaises humeurs du corps, d'où les goutes, douleurs de jointures, fiévres, & autres maladies ont coutume de prendre leur origine.

Il travaille presque miraculeusement contre les ulcéres, douleurs de poulmons, sécheresse, pourriture des playes, & exténuation de vieillesse.

On en peut librement user en l'hydropisie, pour la confortation des remédes généraux.

Il eſt très-utile pour le calcul.

Il renouvelle, augmente, & fortifie, l'humide radical, & tâche d'empêcher la débilitation de la vieilleſſe. C'eſt un reméde aſſuré contre la paralyſie, en uſant deux fois la ſemaine dans de la malvoiſie, le poids de dix grains à chaque fois.

Il appaiſe les douleurs vénériennes, ſi (durant ſeize jours conſécutifs) on en prend dix grains chaque jour.

C'eſt un reméde ſingulier contre l'épilepſie, s'en ſervant le ſoir & le matin l'eſpace de ſix ſemaines.

C'eſt un préſervatif contre la goute, ſi on continue de le prendre dix jours de ſuite, la peſanteur de dix grains à chaque priſe.

Il fortifie l'humeur vital tant interne qu'externe, en quelque membres que ce ſoit.

Il eſt bon contre les friſſons, tremblemens & battemens de cœur.

Il eſt doué d'une vertu particuliére; car il conforte l'enfant dans le ventre de la mere.

La doſe du Sel de Perles.

Outre ces vertus, il faut en ſçavoir la doſe, qui eſt pour l'ordinaire de dix à douze, quinze grains, juſqu'à un ſcrupule entier dans des eaux convenables. Il eſt permis à qui voudra de le donner avec la rosée de May cueillie sur le froment.

On le peut encore donner en eau de petite rosée, ou rosée du Soleil, laquelle distillée sort jaune comme safran; ou avec le suc des fleurs du *Verbascum*, c'est le boüillon que les Apoticaires appellent *tapsus barbatus*, il faut que ces fleurs soient distillées.

Il est bon de faire une remarque, car si les perles ont été résoutes par le vinaigre botin distillé, & qu'elles ayent été adoucies dans une cave durant leur temps, (comme j'ai dit ci-dessus) elles se mettent en liqueur, laquelle mise dans eau-de-vie, l'épaississent comme vrai beure, & en faut seulement mettre quelques goutes.

Kermès minéral ou poudre des Chartreux.

Vous prendrez quatre livres de bon antimoine, de celui de Hongrie s'il se peut; broyez-le grossiérement, passez-le au tamis & ne vous servez pas de celui qui est en poudre subtile, mais seulement de celui qui est concassé en petits morceaux. Mettez cet antimoine ainsi concassé en une caffetiére vernissée de quatre ou cinq pintes. Versez-y quatre pintes d'eau de pluie & seize onces de liqueur de nitre fixé. Faites bouillir le tout pendant deux heures, ou plutôt tant que la liqueur soit d'un rouge foncé ; prenez une cuillerée de cette liqueur qui sera claire, mais en se refroidissant elle se trouble & dépose quelques particules, qui sont le soufre de l'antimoine. Décantez la liqueur sur un entonnoir garni d'un filtre ; laissez cependant dans la caffetiére le tiers de la liqueur : sur ce tiers versez de nouveau deux onces de liqueur de nitre fixe avec quatre pintes d'eau bouillante. Décantez & filtrez la liqueur, dont vous laisserez encore le tiers dans la caffetiére comme la premiére fois ; remettez-y huit onces de liqueur de nitre fixe, & quatre pintes d'eau bouillante. Après cette troisiéme opération vous décanterez toute la liqueur, que vous verserez sur le filtre. Laissez reposer toutes les liqueurs jointes ensemble pendant vingt-quatre heures ou environ.

Alors versez la liqueur par inclination ; prenez le soufre qui s'est précipité & le mettez sur un filtre. Vous imbiberez d'eau chaude votre matiére pour l'adoucir & continuez tant qu'elle soit insipide ; laissez ce soufre sur le filtre & l'y séchez doucement ; ensuite vous l'étendrez & le ferez tomber avec une patte de liévre dans une terrine vernissée. Mettez-y quatre onces d'eau-de-vie ; faites-là brûler, puis laissez dessécher le souffre à lente chaleur ;

faites-y encore brûler de l'eau-de-vie jusqu'à trois fois, & vous aurez le soufre d'antimoine ou Kermès minéral.

Cette poudre, quoiqu'elle porte le nom des Chartreux, n'est cependant pas de leur invention. M. Senac le fait assez voir, & montre qu'elle a une autre origine. Quoiqu'il en soit, voici le Mémoire qu'ils en ont publié il y a long-temps.

Vertus & Usage de la véritable Poudre Alkermès ou aurifique minéral, dite vulgairement Poudre des Chartreux.

Ce Reméde est un des plus grands qui ait paru, d'autant plus qu'il tient de l'Universel par ses parties alcalines, sulfureuses & balsamiques, & par sa vertu anodine, qui s'insinuant par les digestions & la circulation du sang dans toute l'habitude du corps, en corrige tous les vices & impuretés, poussant par une sensible ou insensible transpiration du centre à la circonférence, tout ce qui peut empêcher sa fluidité : si les matiéres viciées sont dans les premiéres voyes, il agit par un doux & léger vomissement ; si elles sont dans les intestins, elles se trouvent précipitées sans aucune violence par enbas : si les reins se trouvent surchargés, ou le genre nerveux embarassé de quelque humeur âcre, le reméde précipitant par les urines soulage le malade, de telle ſorte qu'aidant la nature & n'opérant que de concert avec elle, il lui rend le premier calme qu'elle avoit perdu par le dérangement des humeurs, & la met en état de faire jouir d'une ſanté parfaite.

La doſe eſt depuis un grain juſqu'à trois, dans un véhicule convenable; le plus ordinaire eſt le vin d'Alicante, ou à ſon défaut le vin ordinaire, dans lequel on ajoutera autant de ſucre que de poudre dans une cuillerée de vin; prenant deux ou trois cuillerées du même vin par deſſus, & deux heures après un bouillon.

Pour les fiévres intermittentes, après avoir fait précéder la ſaignée, on en donnera le lendemain trois grains, deux heures avant le friſſon; & ſi la fiévre revient, & qu'elle ſoit accompagnée de maux de tête, on réitérera la ſaignée, & le lendemain encore trois grains du même remède; ſi la fiévre revient encore, on en donnera deux grains au commencement du friſſon dans trois cuillerées de jus ou d'eau diſtillée de bourrache, & autant ſur la fin de l'accès, continuant de même deux ou trois jours; & ſi le malade n'avoit pas la liberté du ventre, il faudra lui donner un lavement.

Pour la fiévre quarte, il faut en prendre trois grains le jour de la fiévre, trois ou quatre heures avant l'accès, dans une cuillerée de vin, prenant deux ou trois cuillerées du même vin par-dessus, & deux heures après un bouillon. Il faut continuer d'en prendre la même dose de trois grains les jours de fiévre l'espace de trois ou quatre accès.

Mais lorsque la fiévre est continue avec des redoublemens marqués, on le prend avant le redoublement.

On le prend de même dans les fiévres malignes, & dans toutes sortes de maladies contagieuses, où il convient fort.

Et si la cause de la fiévre vient de l'abondance des mauvais sucs cruds & indigestes dans les premiéres voyes, ou d'un embarras & obstruction dans les viscéres, il les guérit infailliblement sans retour; & si une premiére prise de deux grains ne fait rien de sensible, on en prend trois grains la seconde prise.

Pour l'hydropisie, on commence par une prise de trois grains, & l'on continue, deux grains le matin & autant le soir, pendant dix ou douze jours, dans deux ou trois cuillerées de vin d'Espagne ou d'autre bon vin blanc, ou dans trois onces d'eau de pariétaire, demi-once d'huile d'amande douce, & un gros de sucre.

Pour les vapeurs ou vertiges, on en prendra deux prises de trois grains chacune, ne, à deux jours l'une de l'autre, ensuite un grain pendant huit jours, & puis deux fois la semaine pendant un mois, & après cela on se contentera d'en prendre tous les quinze jours une prise de deux grains pour prévenir le mal.

On en usera de même pour les rhumatismes.

Pour l'apoplexie, l'on en prendra quatre ou cinq grains dans trois cuillerées de vin ou dans une once des eaux distillées de Muguet, de Bétoine de Mélisse ou de Sauge : si cela n'opére point, on réitérera trois ou quatre heures après la même dose; & si la premiére agit, l'on en donnera deux grains quatre heures après, faisant promener le malade si l'on peut, ou le tenant bien chaudement dans son lit, afin que le reméde se porte plus aisément dans l'habitude du corps; s'il y a disposition de vomir, l'on donnera de l'eau tiéde ou du bouillon gras, afin de causer l'évacuation des glaires coagulés par les acides impurs & vicieux.

Pour le flux dissenterique & autres cours de ventre, l'on en donnera deux ou trois grains pour la premiére fois, & l'on en continue un grain pendant trois ou quatre jours dans trois cuillerées d'une décoction de Sumac, ou dans trois onces d'eau de plantain distillée, ou dans trois cuillerées de vin d'Alicante ou d'autre bon vin vieux.

Pour la gravelle ou difficulté d'uriner, si l'on craint l'inflammation, on saignera une fois, & on donnera au malade quelque lavement fait avec une poignée de son & de grain, & après avoir bu plusieurs verres d'émulsion, l'on fera prendre deux ou trois grains de cette poudre dans trois cuillerées de vin blanc, ou dans trois onces d'eau d'ortie blanche avec un peu de sucre, & l'on continuera d'en prendre un grain tous les jours pendant douze ou quinze jours.

Pour l'asthme, on commencera d'en prendre deux grains, & l'on continuera, un grain matin & soir, pendant quinze jours; & si on n'est pas guéri, on continuera encore quinze jours.

Dans le commencement d'une fluxion de poitrine, six heures après avoir saigné le malade, on lui donnera trois grains de cette poudre dans trois cuillerées de vin; & si le malade n'est pas soulagé, six heures après on réitérera la seignée & le même remède: & si la fièvre continue avec la douleur de côté, l'on peut seigner le malade le matin & à midi, lui donner le remède, c'est-à-dire trois grains que l'on met avec deux onces de Chardon-beni, deux onces d'eau de Coquelicot, demi-once de Sirop d'œillet, & demi-gros de confection d'hyacinthe ; on lui fait prendre le tout, en le tenant chaudement ; & s'il n'est pas soulagé sur les huit heures du soir, on réitére la saignée : on fait la même opération pendant les trois ou quatre premiers jours de la maladie lorsqu'elle est considérable : mais sur la fin de la maladie, c'est-à-dire, vers le sept & le neuf que le malade n'est pas soulagé, on se contentera de mettre trois ou quatre grains de la poudre dans une potion cordiale faite avec trois onces d'eau de Scabieuse, trois onces d'eau de Coquelicot, trois onces d'eau de la Reine des prés, une once de Sirop d'œillet, & un gros de confection d'hyacinthe : on mêlera bien le tout ensemble, & l'on donnera au malade d'heure en heure une cuillerée de cette potion après avoir remué la bouteille ; & si l'on ne peut faire cette potion, l'on se contentera de lui en faire prendre un grain de quatre heures en quatre heures, prenant un bouillon entre, & le faire boire à l'ordinaire.

Pour la petite vérole l'on en donne deux grains d'abord dans trois cuillerées de vin d'Alicante, & l'on continue d'en donner un grain matin & soir pendant neuf jours.

La dose de deux grains ou même d'un grain guérit les vomissemens & les maux d'estomac, en le prenant dans deux onces d'eau diſtillée de Mente ou de Pouliot; ou bien en forme de Thé dans trois cuillerées de ces herbes.

Ceux dont la ſanté paroît ſe déranger, qui n'ont point d'appetit & qui ont beſoin d'être purgés, peuvent en prendre une priſe de trois grains dans deux cuillerées de vin & autant d'eau, deux heures après prendre un bouillon; & ſi une heure après le bouillon la premiére priſe ne faiſoit rien de ſenſible, ou qu'elle ne fit pas aſſez d'effet, on peut encore en prendre une ſeconde priſe de trois grains ou la moitié d'une priſe, & reprendre un bouillon une heure après; & s'il donne quelque envie de vomir, l'on boit pluſieurs verres d'eau chaude.

Ceux qui ſont naturellement reſſerrés, feront encore mieux de prendre un lavement la veille qu'ils voudront ſe ſervir de ce remède.

APPROBATION.

Je ſouſſigné Docteur-Régent en Médecine de la Faculté de Paris, certifie que e reméde, dont il eſt queſtion, eſt fort bon, & qu'on en peut permettre l'impreſſion. Fait à Paris, le huit d'Août 1719. I HUILLIER.

Je ſouſſigné Docteur-Régent en la Faculté de Médecine en l'Univerſité de Paris, Pen-

ſionnaire de l'Académie Royale des Sciences, certifie que le remède, dont il eſt queſtion, eſt très-bon, & qu'il m'a parfaitement réuſſi dans des maladies très-conſidérables. Fait à Paris, ce huit Août 1719. LEMERY.

CEPENDANT il paroît ſuivant M. Senac (*Chymie, part* 2. *pag.* 203.) qu'il y a ici quelques modifications à faire. Le Kermès eſt émétique, dit-il, lorſqu'il ſe trouve dans l'eſtomac des aigreurs, qui le dévelopent, ſinon il eſt purgatif; mais s'il n'y a rien dans les inteſtins, qui doive être purgé, il paſſe dans le ſang. Le principe phlogiſtique qu'il contient venant à ſe rarefier, il excite des ſueurs; un grain fait ſuer quelquefois abondamment; s'il ne fait pas ſuer, il excite une tranſpiration inſenſible. On le donne pour purger les premiéres voyes. Il eſt bon dans les fiévres intermittentes, dans les maladies de poitrine, où le ſang tend à la coagulation. Il faut cependant prendre des précautions quand on le donne: il a excité une fois une colique affreuſe, avec des douleurs épouventables aux teſticules. Je crois qu'un verre d'huile auroit été le remède à cet accident: il arrive encore que le Kermès gonfle & échauffe le ventre, alors il faut beaucoup boire pour diſſoudre &

délayer la bile qui se gonfle & pour détendre les parties.

L'effet du Kermès n'est pas toujours certain ; on en a donné jusqu'à neuf grains dans un jour, sans qu'on en ait vû aucun effet ; mais le lendemain il y a eu des évacuations copieuses par les selles, avec une simple infusion de séné.

La dose de cette préparation est de deux, trois, quatre ou cinq grains ; après la premiére dose de trois grains ou de quatre, on peut donner un grain de trois en trois heures dans de la gelée de groseilles, parce que dans les liqueurs il tombe au fond, & n'est pas aisé à prendre, on le peut aussi donner à un grain dans le cas où les matiéres ne sont pas encore cuites : il est bon dans les maladies malignes, car il incise & met les malades en état d'être purgés avec succès.

Pierre merveilleuse pour le Corps.

Prenez de la limaille d'acier bien nette ce que vous voudrez. Versez dessus de l'urine d'enfant de huit à neuf ans bien sain, à qui vous aurez fait boire pendant huit à neuf jours du vin bien trempé. Mettez de ladite urine sur la limaille, cinq à six doigts. Laissez rouiller la limaille dans l'urine pendant quelques jours. Séparez par le filtre l'urine d'avec la limaille; évaporez la teinture jusqu'à sec, prenez-en deux gros & six gros de régule d'antimoine, fondu & purifié quatre fois par le tartre & le soufre; lequel soufre aurez lavé deux fois en eau chaude, & filtré à chaque fois par le papier gris. Ne travaillez point votre régule par le nitre.

Prenez ensuite deux gros d'or calciné avec trois fois son poid de mercure. Ledit or étant en chaux, vous jetterez dans votre vase en calcinant l'or du sel commun bien pulvérisé & remuez le tout. Exposez ensuite au feu de roue, tant qu'il n'y ait plus de mercure, & lorsque votre or sera beau, jettez-le dans de l'eau & le lavez pour l'édulcorer parfaitement.

Prenez vos trois matiéres acier, antimoine & or; faites les fondre en un creuset à feu de fonte, & les jettez en un moule de telle figure que jugerez convenable.

Vertu de ladite Pierre.

Faites infuser ladite pierre vingt-quatre heures dans du vin blanc, dont vous donnerez deux ou trois onces au malade selon ses forces, & il sera purgé doucement & sans danger.

Ce remède est spécifique contre la peste, pourpre; les deux véroles grande

& petite, rougeole, ébullition de ſang; galle, gratelle ſans ſaigner.

Guérit toute fiévre même continue, colique bilieuſe & venteuſe, migraine, mal de tête, pleureſie, purge toute humeur ſuperflue & peccante, ſoit de bile, ſoit de pituite & autres. Elle va chercher juſqu'aux extrémités du corps, les impuretés pour les faire ſortir, par ſelles, urines ou tranſpiration ſans aucun vomiſſement.

Eſt ſouveraine contre la purgation des femmes, & mal de matrice, ſi elles en prennent deux ou trois fois avant leur temps. Bonne aux femmes en couche, même lorſqu'il y a ſuppreſſion de vuidanges.

Bonne contre la jauniſſe & pâles-couleurs, le mal-caduque, la ſciatique, & généralement pour toute indiſpoſition, qu'elle ſçait même prévenir, ſans ſeigner ni purger.

Purifie le ſang, fortifie l'humide radical, l'eſtomac, les nerfs, l'ouie & la vûë; même contre le ſang corrompu & altéré en continuant quelque temps.

Quand ledit reméde ne purgera plus le malade ſera rétabli en ſanté. Enfin c'eſt un tréſor pour le corps humain.

NOTA. Qu'on peut faire infuſer ladite pierre dans les eaux convenables à la maladie : mais le vin blanc peut ſervir à toutes.

Tiré de Queſnot en ſes ſecrets rares & curieux, *in*-12. Paris 1708, *pag.* 174.

Emplâtre Solaire.

Prenez le ſoufre d'antimoine, & verſez deſſus l'huile de lin recente, digérez pendant quelques jours dans une phiole, l'huile deviendra rouge & balſamique. Verſez ce baume de ſoufre dans un poëlon de cuivre, & ſur une livre ajoûtez-y demie-livre de litarge broyée, ayez ſoin de bien mouvoir auſſitôt, juſqu'à ce que la litarge ſoit tout-à-fait fondue, alors ajoûtez-y demie-livre de graiſſe humaine ou de porc, ou de beure frais, ſelon que les cas le demandent : ajoûtez enfin une once & demie de vitriol doux de Vénus, & autant de cire qu'il en faut pour donner la conſiſtence à cet emplâtre vraiment ſolaire. *De Saulx.*

Méthode & remède ſpécifique pour toutes les fiévres.

Beurre de régule d'antimoine & de chaux de Lune.

L'on fait diſſoudre un marc d'argent de Coupelle dans l'eſprit de nitre. S'il eſt bon, douze onces ſuffiront : on précipite cette diſſolution avec de l'eau chaude imprégnée de sel commun: on laisse reposer & affaisser la poudre, on en sépare doucement l'eau salée, & on édulcore la chaux de Lune avec l'eau commune, jusqu'à l'insipidité, & ensuite on la laisse dessécher, on aura au moins dix onces de cette chaux.

L'on pulvérise, & l'on passe par un tamis fin quatre onces de régule d'antimoine étoilé, l'on mêle ce régule avec la chaux de Lune, & on les met dans une cornue de verre bien luttée, on y ajoûte un récipient, & l'on distille au bain de sable, donnant le feu par degrés jusqu'à ce qu'il ne sorte plus rien. Cette opération se fait en six heures; on rectifie ce beurre par la cornue sans addition jusqu'à trois fois, & il devient clair; on le conserve bien bouché, car il se met facilement en eau. L'on peut encore appeller cette liqueur l'esprit du Dragon.

Cet esprit a plusieurs usages; on peut par son moyen convertir l'esprit de nitre en terre blanche & insipide, dont a parlé Vanhelmont, & c'est un sudorifique pour la vérole, qu'il guérit en faisant suer deux heures le matin, & usant des ptisannes & des observations ordinaires. On commence d'en donner tous les jours d'un grain jusqu'à vingt-quatre, c'est-à-dire, jusqu'à la guérison. On la prend dans une conſerve de roſes ou dans de la thériaque.

On fait un purgatif en précipitant ce beurre ſuſdit en bon vinaigre diſtillé, on édulcore cinq à ſix fois avec l'eau commune chaude, & l'on a un purgatif pour la vérole, & pour le rhumatiſme invétéré, la doſe eſt de deux grains en ce qu'on veut. *De Saulx.*

Teinture univerſelle.

Elle ſe fait par le moyen d'une teinture d'antimoine, extraite par l'huile éthérée de térébentine, l'huile de geniévre, quelque peu de myrthe oliban; & on mêle dans l'extraction faite le ſel volatil de vipere, l'huile d'ambre blanc, & on les unit par une digeſtion lente. Elle ne ſe diſſipe pas comme les remédes volatils par une tranſpiration, mais elle arrive juſqu'aux extrémités des petits vaiſſeaux capillaires, ſans cauſer d'agitation dans le ſang, ni dans les eſprits, dont elle corrige l'acrimonie, ce qui ſuffit pour guérir, ſi on la donne à propos, pourvû cependant qu'il n'y ait pas de complication avec la maladie vénérienne, ou elle ne nuiroit pas, mais c'eſt un fait à part. *De Saulx.*

Composition d'une espéce de Pierre, dont l'infusion rend toutes sortes de liqueurs émétiques.

Faites fondre à petit feu une demi-livre de soufre commun concassé, dans un vaisseau de terre vernissé, & étant entiérement fondu, mêlez-y exactement peu-à-peu quatre dragmes de verre d'antimoine réduit en poudre fort fine, en agitant continuellement les matiéres avec une petite spatule de bois, jusqu'à ce que le tout soit bien incorporé ensemble, puis versez-le chaudement dans un ou plusieurs petits moules de terre vernissés, ou de métal, enduits d'eau, où vous aurez de petites masses, qui étant infusées chaudement dans toutes sortes de vin, ptisannes, bouillons, & autres liqueurs, les rendent parfaitement émétiques, sans aucune diminution sensible de leur volume, & qui opérent mieux & plus sûrement, que certaines pâtes, qu'un Particulier travesti en Charlatan, débitoit assez chérement il y a quelques années, quoiqu'elles ne fussent composées que de cendres communes, & de *Crocus metallorum*, pétris avec de la colle forte, & séchées au four jusqu'à ce qu'elles eussent acquis assez de dureté, pour ne pouvoir être entiérement pénétrées par les parties de l'eau où on les faisoit infuser.

Si l'on fait infuser la pierre, dont nous venons de donner la préparation, avec quelques purgatifs, elle en augmente seulement la force, sans le rendre émétique, que fort rarement.

Huile nommée sang d'antimoine, excellente aux ulcéres malins qu'elle desséche; préparée par Fallop en son Livre des Métaux.

Prenez un régule d'antimoine, c'est-à-dire, antimoine qui ait été cinq ou six fois liquefié & refroidi, tellement que celui qui est le dernier refroidi, & demeure compacte est appellé régule: broyez-le sur marbre en versant dessus vinaigre distillé, & quand il sera bien amolli, mettez-le dans un feutre, versez par dessus vinaigre, tant de fois que tout l'antimoine soit dissout, & que rien ne demeure dans le feutre, mais que tout soit passé par le feutre au vaisseau d'en-bas: mettez la liqueur dans un alambic & la distillez: après que toute la liqueur sera extraite, il demeurera au fond de l'alambic une substance molle comme lie rouge, que vous mettrez en un sac de toile en lieu humide, l'humidité fera fondre cette lie rouge, & il en dégoutera une liqueur que recevrez en un vaiſſeau: C'eſt la vraye huile d'antimoine, autrement nommée ſang d'antimoine, médicamment excellent pour les ulcéres malins & autres.

L'huile ou Quinte-eſſence d'Antimoine, de Leonard Fioraventi, au ſecond Livre de ſes caprices, Chap. 60.

Cette huile eſt un médicamment precieux à prendre par la bouche avec du vin, bouillon, ou avec quelqu'autre ſorte d'eau, ſeulement à la quantité d'une goute, car elle évacue le corps par haut & par bas, & appliquée extérieurement aux ulcéres malins les mondifie.

Prenez fort vinaigre diſtillé trois fois, & antimoine pulvériſé telle quantité qu'il vous plaira, mettez-les enſemble dans une cucurbite de verre, que le vinaigre couvre l'antimoine de la hauteur de trois doigts, mêlez-les exactement enſemble, & les faites bouillir quelque peu de temps ſur les cendres chaudes, juſqu'à ce que le vinaigre devienne rouge, laiſſez repoſer la teinture, & que le vinaigre ſe clarifie, vous le verſerez à part dans un vaiſſeau de verre, & ſur le marc, jettez de nouveau vinaigre, faite-le bouillir, clarifiez-le, & ſéparez comme auparavant, & renouvellez cela tant de fois, que le vinaigre ne se colore plus : après quoi, jettez le marc, & distillez tout le vinaigre coloré dans une retorte bien luttée, & quand la teinture rouge montera, alors changez de récipient, & achevez la distillation avec un feu plus fort : ce sera la quinte-essence de l'antimoine, laquelle il faut garder dans un verre bien bouché : elle mortifie toute espéce d'ulcéres pourris & malins, si on les en lave : prise par la bouche, guérit toute sorte de maladies malignes.

Autre huile d'Antimoine.

Prenez antimoine deux livres, tartre, sel nitre, de chacun trois onces, cuivre haché menu une livre : pulvérisez tout cela ensemble, puis mettez-le dans un grand creuset, & donnez-lui feu assez grand pendant trois heures. Laissez-le refroidir à son aise, cassez le vaisseau, & vous trouverez au fond le mercure de l'antimoine séparé d'avec le soufre, lequel mercure vous mettrez à part, & broyerez le soufre tant qu'il soit en poudre impalpable, de couleur rouge, alors mettez-le dans alambic de verre bien lutté, après l'avoir premiérement dissout en très-fort vinaigre. Distillez-les comme de l'eau-forte, & vous aurez une huile très-précieuse, semblable à du sang. Cette huile est bonne à l'extérieur.

Autre description de l'huile d'antimoine, que Gesner a eû d'un Personnage fort expert.

Prenez antimoine trois ou quatre livres; faites le fondre dans un creuset d'Orfévre, si bien qu'il puisse couler, puis le mettez dans un pot de terre vitré par dedans, avec une mesure de vinaigre: cela fait & l'antimoine fondu, versez avec grand soin & diligence un peu de cet antimoine fondu dans le vinaigre, sur-tout n'en versez pas trop à la fois, (car vous romperiez le vaisseau, perdriez l'huile & votre peine) il exhalera une fumée rouge, & le vinaigre viendra rouge comme sang. Qui plus est, ce qui nagera par dessus le vinaigre, doit être séparé dans une cucurbite de verre, toujours & tant de fois qu'il est fondu dans le creuset: alors faudra fondre derechef l'antimoine dans le creuset comme auparavant: & s'il est liquéfié, versez goutes-à-goutes comme auparavant dans le vinaigre; réïtérez cela sept fois, afin que la rougeur & la vertu en puisse être extraite: le vinaigre se consumera, mais il faudra y en remettre d'autre, afin que le vaisseau ne se casse, car s'il est trop vuide ou par trop plein, il se fendra en pièces; il se faut donc garder de l'un & de l'autre: après que l'on aura réïtéré par sept fois ce changement de vinaigre, il le faudra distiller diligemment dans une cucurbite sur les cendres, ainsi il distillera du vinaigre blanc; & l'huile demeurera au fond. Cela fait il faudra verser sur l'huile ainsi délaissée au fond, quelque quantité d'eau de fontaine, & la distiller derechef afin que la saveur soit ôtée de l'huile. Ce que vous ferez deux fois, & la séparerez par distillation, & l'huile d'antimoine deviendra douce. Il est vrai que cette façon de distiller se peut moins connoître par écrits que par la pratique. Cette huile est bonne au-dehors.

Autre manière.

Premiérement faites extraction de la rougeur d'antimoine, par plusieurs infusions en vinaigre distillé, comme a été dit ci-dessus; laissez exhaler le vinaigre sur une chaleur douce. gardez la poudre roussâtre que vous trouverez au fond, sur laquelle versez de la quinte-essence de vin, & les laissez ensemble l'espace de quarante jours dans un vaisseau circulatoire: vous pourrez user en sûreté par la bouche de cette huile d'antimoine, mais en très-petite dose.

Autre manière du même.

Prenez tartre calciné & antimoine; pulvérisez-les sur le marbre; étant ainsi pulvérisés, dissoudez-les en eau chaude; & vous trouverez une rougeur qui nagera sur l'eau, qu'il faut amasser & la mettre distiller dans la retorte, l'eau sortira la première, puis suivra une huile rouge fort belle, que vous circulerez quarante jours : & l'on aura l'huile d'antimoine bonne & nullement corrosive : quiconque fera bien cette façon d'huile d'antimoine, la tiendra bien chere.

Huile d'antimoine de l'ordonnance d'un excellent Personnage, qui l'a communiqué à Gesner.

Pulvérisez subtilement l'antimoine; mettez-le dans une cucurbite vitrée, tremper en fort vinaigre de vin distillé sur la chaleur d'un feu léger, jusqu'à ce que le vinaigre devienne rouge: ainsi coloré vuidez-le dans un autre vaisseau, versez sur le marc de nouveau vinaigre, & l'y laissez jusqu'à ce qu'il devienne roussâtre : toutes ces infusions & renouvellemens de vinaigre, doivent être réitérées, tant que les poudres ne rougissent plus le vinaigre : & ce vinaigre amassé sera distillé à petit feu, jusqu'à ce que la rougeur commençant peu-à-peu à se condenser, semble monter à l'alambic : alors il faudra rafraîchir les vaisseaux, & mettre la liqueur rouge macérer sous le fumier chaud l'espace de quarante jours, jusqu'à ce qu'elle acquiére forme d'huile : l'on dit qu'elle est douce comme sucre, & qu'elle appaise toutes douleurs des playes & les guérit entiérement, même elle est admirable contre les ulcéres rebelles & chancreux; mais appliquée au-dehors.

Huile de soufre faite sans distillation.
Crollius, pag. 290.

Prenez soufre vif deux livres, vingt-cinq jaunes d'œuf, battez-les ensemble, & mettez dans un plat de fer, cuisez à petit feu, & quand ils commenceront à brûler, enclinez le plat de fer sur l'autre part, il dégoutera une liqueur qui est votre huile. Ainsi vous aurez ce que vous demandez : elle est bonne contre la douleur de la goute.

Observations sur l'Esprit ou Huile de Sel.

C'est une merveille que cet esprit a une singuliére antipathie, & contrariété avec le sel commun.

Premiérement, à raison de la soif, car il est assuré que le sel excite la soif, au contraire l'esprit de sel l'appaise, comme on le voit aux hydropiques, auxquels il est ordonné.

Secondement, à raison de la putréfaction, car le sel commun préserve toutes choses de putréfaction, à cause de sa vertu mordicante; mais cet eſprit conſomme dans un jour à cauſe de la force de ſa corroſion & ſans douleur, & de fait il conſommera tout ce qui eſt ſujet à pourriture aux playes, ou autres affections du corps humain.

Troiſiémement, à raiſon du goût, car le goût du ſel commun eſt âcre & mordicant, ce qui ne ſe trouve pas dans cet eſprit, dont la ſaveur eſt une douce amertume, & ſon odeur ſemblable à celle des pommes ſauvages.

Les forces & vertus de cette Huile, ſelon Paracelſe.

Le ſel ſimple (comme tout le monde ſçait) eſt l'aſſaiſonnement de tous les alimens; car par ſon moyen toutes choſes fades & inſipides ſont rendues fermes, bonnes, ſavoureuſes, & propres pour la nourriture du corps humain, & comme le ſel n'eſt ſujet à aucune putréfaction, auſſi ne permet-il pas que la putréfaction s'empare jamais de la partie où il eſt, outre que le ſel eſt tellement ſalutaire pour le corps qu'il eſt preſque impoſſible de vivre ſans lui: étant exhibé au corps humain, il conſomme ce qui s'y trouve de trop humide, & reſſerre la ſubſtance ſolide, d'où il arrive qu'il empêche la putréfaction de tous les corps; ſi ces vertus si efficaces sont dans le sel crud, combien plus doivent-elles etre dans son esprit préparé ?

Je ne doute point que Paracelse ne les connût bien, car en quelque sorte de maladie que ce fut, il en donnoit librement, même il en faisoit user à ses amis ; sçavoir trois goutes chaque mois, d'autant, disoit-il, qu'il renouvelle le sang & le corps, principalement si on mele quelques feuilles d'or, vû que le sel est le préservatif de toutes choses : d'ailleurs il meloit l'esprit de sel avec l'huile de vitriol, de quoi il recevoit un grand honneur & contentement en beaucoup de maladies, principalement pour l'hydropisie, lorsqu'il le meloit avec eau, ou sel d'absynthe.

Cet esprit melé avec le vin, purifie merveilleusement le sang, & guérit de la lépre, & autres maladies.

Quant aux hydropiques il leur en faut donner tous les jours quelques goutes dans de l'eau d'absynthe, jusqu'à entiére expulsion d'hydropisie.

Pour soulager les douleurs de la tête, il le faut donner dans l'eau de lavende, marjolaine, ou sauge.

Pour les douleurs de cœur, il se donne avec eaux cordiales froides, comme sont les eaux de violettes, roses, bourache & mélisse.

Pour l'estomac, le faut donner aveс eau de menthe, même il a la vertu de redonner l'apetit perdu.

Pour les douleurs de foye avec eau de chicorée, de laitue, ou chardon béni.

Pour les affections de la rate avec eau d'endive, ou pourpier.

Pour ce qui est de la peste, il le faut donner avec eau cordiale appropriée, outre qu'il en faut oindre la partie infectée, car il a la force de faire résoudre l'abcès, & chasser le venin sans danger; pour la résolution d'abcès, il le faut mêler avec quelqu'autre émonctoire.

Si on en donne quatre goutes dans demie once d'électuaire de geniévre (attendant après la sueur, comme singuliérement le recommande Théophraste) il fait quasi des miracles contre la peste & autres venins, d'autant plus qu'il fortifie le cœur & purifie le sang.

Si on en donne avec du vinaigre, il chasse la sueur Angloise.

Il purge les reins & la vessie, rompt le calcul, ou pierre, son usage au bain est admirable. Une ou deux goutes dans l'eau d'armoise, chasse & tue tous les vers des petits enfans telle quantité qu'il y en ait.

Paracelse avoit coutume d'oindre le lieu affecté des hernieux ou rompus, avec cette liqueur, y ajoûtant après le bain propre à l'hernie. Il eſt fort utile d'en faire prendre quelques goutes par la bouche auxdits malades, ſi on veut qu'ils ſoient tôt guéris.

C'eſt un médicament qui opére à l'inſtant pour la colique, pourvû que l'on en donne quatre ou cinq goutes dans du vin tiéde & fort.

Quatre goutes dans eau-de-vie chaſſent les fiévres, quoiqu'elles fuſſent quotidiennes & invétérées.

Pour lientérie, il en faut uſer environ trois ſemaines, & en prendre trois ou quatre goutes chaque jour ſans manquer.

Il eſt admirable contre les paſſions iliaques, contre la diſſenterie, paralyſie, apoplexie, & podagre donné dans eaux appropriées.

C'eſt enfin une merveille de voir comment il guérit les ulcéres internes.

La Doſe.

Pour ce qui eſt de la doſe, d'autant que je ne l'ai pas toujours marquée, je la mets ici: on peut librement en prendre de quatre juſqu'à ſept goutes dans une cuillerée de malvoiſie, ou eau de canelle, ou enfin dans quelqu'autre eau propre.

Son uſage pour l'extérieur.

Cet eſprit ou huile de ſel mêlé avec eaux appropriées ſoulage extrémement les gouteux, étant la partie dolente ointe chaudement avec cet esprit.

Il pénétre toutes les veines, la chair, les os, & donne une entiére guérison de tous ulcéres.

Lorsque les membres sont racourcis ou déplacés, soit que cela soit arrivé par abcès, ou autrement, il n'en faut que frotter la partie, le melant avec onguents propres.

Il guérit en peu de jours tous les ulcéres malins & presque incurables par d'autres voyes, quand même ils seroient puants, comme fistules, chancres, loups, ou de semblable malignité, pourvû que l'on en continue l'onction.

Esprit de Sel dulcifié.

Prenez parties égales de sel & de bon esprit de vin, que vous ferez digérer pendant trois ou quatre jours dans un vaisseau de rencontre à feu de sable assez lent; il se formera une troisiéme liqueur assez agréable au gout & aromatique. C'est l'esprit de sel dulcifié, cet esprit résiste à la malignité des humeurs, il pousse par les urines & par les sueurs, la dose est depuis quatre jusqu'à douze goutes. Basile Valentin prétend qu'il faut le distiller sept fois avec nouvel esprit de vin & qu'il tire la teinture de l'or.

Autre

Autre esprit de Sel dulcifié.

Prenez de bon esprit de sel sur lequel vous distillerez son double poids d'excellent esprit de vin sept fois, toujours prenant de nouvel esprit de vin, alors l'esprit de sel sera dulcifié, & tirera la teinture de l'or mis en chaux par le mercure vulgaire & fleurs de soufre.

Sel commun préparé pour la fertilité.

Quatre livres de chaux éteinte à l'air d'elle-même, une livre de sel commun bien pulvérisé.

Eau de pluye ou de rosée, ce qu'il en faut pour mettre vos poudres en pâte. Faites-en des boules que vous ferez sécher, puis ferez rougir au feu une heurre ou environ. Servez-vous-en pour fumer vos terres, ou faites dissoudre ces pelotes en eau de pluye, & dans cette eau faites tremper vos graines ou semences tant qu'elles ramollissent; ou servez-vous de cette eau pour arroser vos plantes ou racines. *Quesnot, secrets rares & curieux*, pag. 88.

Multiplication du Bled.

Cinq parties de chaux-vive fusée ou éteinte à l'air de soi-même.

Une partie de sel commun en poudre.

Une partie de bonnes cendres communes.

Faites-en une pâte ou mortier avec de l'eau de pluye, dans laquelle vous aurez fait dissoudre une partie de salpêtre. Mettez cette pâte en boule, & les faites cuir en un four, stratifiées avec du bois; faites rougir ces boules deux heures ou même plus; prenez le tout boule & cendre, mêlez avec fiente de vache ou bœuf, ou autre fumier. Mettez en poudre & semez sur votre terre, labourez & semez votre bled.

Une livre de salpêtre & même un pot ou deux d'urine suffisent pour vingt quintaux de chaux, pour cinq charges de cette matiére, il faut cinq charges de fumier & dix charges de bled qu'il faut semer plus clair qu'à l'ordinaire. Il sert aux vignes en y en mettant une fois en dix ans; & à tous arbres & végétaux. *Quesnot, secrets rares & curieux*, pag. 89.

Eau Régale.

Pour avoir une eau régale propre à dissoudre l'or, prenez de l'esprit de nitre ou de l'eau-forte & dans l'un des deux, vous y ferez fondre autant de sel armoniac que cette eau en pourra dissoudre à froid, vuidez par inclination & vous aurez une très-bonne eau régale.

Si l'on met de l'esprit de vin bien rectifié dans le récipient où l'on distille l eau-forte, alors elle dissout l'or, comme l'eau régale, quand même on ne laisseroit passer dans le récipient que les vapeurs rouges qui s'élévent dans la distillation. *Rothe.*

Si le nitre est distillé avec l'alun calciné & qu'on y a dissout à froid autant de nitre pur qu'il en peut prendre. *Idem.*

Arcanum duplicatum ou *Sel de Duobus.*

La maniére ordinaire de faire l'*Arcanum duplicatum*, est de prendre parties égales de vitriol & de nitre pilez. On les mêle & on les met dans un creuset rougi pour les calciner ensemble. On en fait ensuite une lessive, & l'on fait cristalliser les sels. mais de cette maniére on perd l'esprit de nitre, qui est dégagé par l'addition qu'on fait du vitriol, & la masse n'est pas toujours assez liée. Le sel même qui en est tiré sent le vitriol, & cause des nausées qui vont jusqu'à vomir. Ainsi le mieux est de prendre le *caput mortuum*, de l'eau-forte faite de nitre & de vitriol en parties égales. On le pile grossiérement, on en fait une lessive que l'on filtre & que l'on fait cristalliser par évaporation.

Il faut encore en faire la solution & y mettre un peu de sel de potache, afin que les parties métalliques du vitriol se précipitent totalement. On filtre de nouveau la liqueur, & l'on fait cristalliser le sel. Par là on a l'*Arcanum duplicatum*, presque sans dépense.

Cet arcane est bien plus beau lorsqu'on le tire par la lessive d'une eau-forte faite de parties égales de nitre & de vitriol. Le sel ne laisse pas d'avoir encore de l'acidité; & il faut bien le modifier avec une solution alkaline pour en faire un vrai sel amer. *Rothe.*

Sel Armoniac Philosophique.

Mêlez de l'esprit d'urine goute-à-goute avec l'huile de vitriol, jusqu'à ce qu'il n'y ait plus d'effervescence, filtrez & distillez le flegme, & vous aurez le sel armoniac ou philosophique, dont Glauber a fait un petit Traité.

On le fait encore avec de l'esprit de nitre & de l'esprit urineux, & se peut encore sublimer entiérement. *Rothe.*

Eau minérale apéritive.

Voici sa composition. L'on pulvérise huit onces de beau nitre, quatre onces de vitriol commun; on les mêle ensemble avec trente feuilles d'or, on les fond dans un petit pot de terre.

On prend quatre onces de ce mêlange,

avec une livre de ſel polychreſte, & ſix onces de ſafran de Mars apéritif; on les méle enſemble; on en prend deux onces qu'on jette ſur douze livres d'eau bouillante dans un coquemar de terre verniſſé; & le lendemain on verſe doucement cette eau, qui ſera claire, dans douze carrafons de verre. On en prend une bouteille le matin, comme on fait les eaux minérales naturelles, en obſervant le même régime. *De Saulx.*

Pierre utile à toutes les maladies qui arrivent, tant aux hommes & femmes, qu'à toutes ſortes de bêtes. Fioraventi.

C'eſt une queſtion qui a toujours eté entre les Philoſophes: ſçavoir, s'il y a quelque Médecine, qui puiſſe être utile & profitable à toutes les maladies, je ſuis pour l'affirmative, & je veux prouver, par des raiſons ſuffiſantes, que la Pierre Philoſophale, de notre invention, peut ſervir à toutes les infirmités, qui ſurviennent au corps humain. J'en rapporterai ſuccinctement deux raiſons: la premiére eſt, que toutes les maladies prennent leur ſource de l'eſtomac. Ce qui ſe voit manifeſtement, puiſque pour peu que le corps ſouffre, l'eſtomac en eſt offenſé, & ne demande point de nourriture. On le remarque de même dans les animaux terreſtres, qui en léurs maladies, n'ont d'autre soin que de guérir leur estomac, & pour cet effet ils mangent certaines herbes, qui les font vomir: ce qui montre assez, qu'ils n'endurent d'autre mal, que de l'estomac.

Je veux donc prouver, par l'expérience, prise des bêtes, que les maladies sont causées par l'estomac. Telle est ma premiére raison. La seconde est, que toutes les Médecines, où entre la Pierre Philosophale, sitôt qu'elles sont dans l'estomac, attirent à elles toutes les humeurs tant de l'estomac, que du reste du corps, & les réunissant toutes, la nature les met dehors, par-dessus, & par-dessous; de maniére que l'estomac se purge de ces matiéres, & que le corps demeure libre de toute maladie. J'en ai moi-même l'expérience, je m'en suis servi, pour toutes sortes de maladies, & j'ai toujours trouvé, qu'elle a fait grand bien, & ne me souviens pas qu'elle ait fait tort à qui que ce soit. Ainsi l'on peut voir la vertu de cette Pierre, laquelle se fait ainsi qu'il s'en suit.

Prenez du salpêtre rafiné, alun de roche, & vitriol Romain, de chacun deux livres.

Il faut dessécher le vitriol dans un pot de terre non-verni, & dès qu'il sera sec, il le faut piler avec les autres matiéres & en faire une poudre, à laquelle vous ajouterez quatre onces de sel gemme aussi en poudre, mettez le tout dans une cucurbite luttée de bon lut, & couverte de son alambic bien joint, placez-la au four à vent ou se puisse faire feu de bois, & après y avoir ajoûté le récipient bien joint, y donner le feu par dégrés. Et lorsqu'il commencera à distiller, il faut tenir quelques piéces de linge mouillé, tant dessus l'alambic que dessus le récipient, afin que les esprits ne se dissipent pas, & que l'eau qui distille ne soit pas inutile. Au commencement de la distillation les vaisseaux seront rouges comme sang, & quand l'eau distillera forte, ils deviendront blancs, & puis retourneront à être rouges comme devant, & alors sortent les bons esprits de l'eau-forte, puis après le tout deviendra blanc, la derniére fois, alors sera finie votre distillation & votre eau parfaite. Laissez refroidir les vaisseaux & tirez l'eau que vous garderez en une bouteille bien fermée. Cette eau sert à faire notre Pierre Philosophale. Après quoi vous prendrez une livre d'argent vif, six onces de chaux-vive, quatre onces de savon noir, & trois onces de cendres du feu.

Vous mettrez toutes ces choses en un mortier de pierre, & vous mêlerez bien le tout ensemble, & puis vous les mettrez dans une retorte de verre à distiller sur le fourneau a grand feu tant que l'argent vif ſorte dedans le récipient, lequel vous ôterez & garderez dedans une bouteille de verre: puis vous ferez la compoſition de la Pierre de la maniére qui ſuit.

Prenez l'eau premiérement diſtillée, & la mettez dans une cucurbite bien luttée, aſſez grande pour que les deux tiers reſtent vuides, dans laquelle vous mettrez l'argent-vif qu'avez gardé, avec deux onces de fer, & une once d'acier mis en petites lames ſubtiles & le poids d'un êcu d'or en feuilles, & quand vous aurez mis tout cela dedans les eaux, couvrez promptement votre cucurbite de ſon alambic, y appliquant le récipient, parce qu'il commencera incontinent à bouillir, rendant une fumée rouge comme ſang, qu'il faut recueillir mettant la cucurbite ſur le feu, & continuant tant que toute l'eau ſoit diſtillée avec toutes les fumées, lors vous laiſſerez refroidir les vaiſſeaux, & garderez l'eau bien bouchée: vous romprez la cucurbite & vous trouverez la Pierre Philoſophale au fond, laquelle il faudra mettre en poudre, & la paſſer par un ſas ſubtil de ſoye, & la garder en un vaiſſeau de verre bien bouché comme un treſor précieux. Je montrerai la maniére de la mettre en uſage, quand je ſerai au lieu où je pourrai retourner à notre propos.

L'eau que vous en avez recueilli, ſera

bonne pour faire le même œuvre une autre fois, mais il ne faudra mettre que la moitié des matiéres susdites : & s'il est nécessaire, faites encore une autrefois la même Pierre en la même eau, & comme elle sera faite la seconde fois, la pulvériser & la mettre avec la premiére, & garder l'eau qui sert à une infinité de choses que je dirai en temps & lieu.

Alkaest par le Nitre.

Vous prendrez une quantité suffisante de nitre fin, que vous fondrez dans une poële de fer fondu ; vous le purifierez avec fleurs de soufre. Laissez refroidir, pulvérisez, puis le mettez dans la même ou pareille poële, dans laquelle vous jetterez un charbon rouge, puis un autre par lesquels vous ferez fulminer votre nitre, & continuerez tant qu'il ne s'enflamme plus, mais que la matiére reste verdâtre. Laissez refroidir, prenez la matiére qui est nette, & laissez ce qui est au fond de la poële qui sont les féces de la matiére.

Prenez cette matiére nette & purifiée deux ou trois livres que vous broyerez bien, que vous mettrez en une cucurbite couverte d'une chappe aveugle ou vaisseau de rencontre ; luttez bien exactement & la mettez au fumier de cheval, tant que toute la matiére soit convertie en eau, changeant de fumier tous les huit jours. Quand tout fera diffout en eau, mettez-y une chappe à bec, ou vous accommoderez & lutterez un récipient, diftillez à feu de cendres, & en tirez toute l'humidité, que vous cohobérez jufqu'à fix fois fur la matiére, alors l'eau qui en fortira fera blanche, & auffi douce que le fucre. Cette eau tire la teinture de l'or, du fer, de l'antimoine fans offenfer le corps. Si vous en mettez dans votre main, & que vous y trempiez un cloud, elle en tire toute la teinture, & le rendra auffi blanc que de l'argent, & ne vous offenfera nullement la main. Cette teinture eft fouveraine contre la goute & la gravelle.

Ufage des Pilules d'Alun contre les Hémorragies. Méthodes d'Helvetius.

Ce reméde, qui n'eft autre chofe que d'alun de Roche, drogue du monde la plus commune, appaife & guérit fûrement toutes les Hémorragies, pourvû qu'elles n'ayent point été caufées par un coup de feu, ou par quelque inftrument tranchant. Il agit également dans les vomiffemens & crachemens de fang.

Il guérit le flux des Hémorroïdes, auffi bien que l'écoulement du fang qui provient de l'ouverture de quelque veine dans le corps.

Enfin il arrête infailliblement le saignement de nez, & celui qui se fait par le conduit des veines, & même par toute autre voye.

Un des plus grands avantages qui se rencontre dans l'usage de ce reméde, c'est qu'on ne le peut jamais donner mal-à-propos, & qu'il n'y a aucun contre-temps à craindre, en quelqu'état & en quelque disposition que le malade puisse être, quand bien même il se trouveroit une complication de maux. J'en ai donné depuis plusieurs années, à un si grand nombre de personnes, que j'en puis parler avec assurance. Jusqu'à présent je n'ai point trouvé de remede plus spécifique, & dont les effets fussent plus prompts, plus sûrs & plus doux.

Pour rendre plus infaillible l'usage de ce spécifique, il sera bon de saigner d'abord une ou deux fois le malade, s'il est d'un tempérament sanguin. Souvent ce secours seul suffit pour le guérir, lorsque l'Hémorragie n'est causée que par la grande plénitude des vaisseaux, ou par le bouillonnement du sang.

Les topiques & le repos conviennent parfaitement à cette maladie, lorsqu'elle a été excitée par des mouvemens violens, ou par des efforts extraordinaires.

On sera pleinement convaincu de ce

que j'avance sur les effets de l'alun, lorsqu'on aura lû la dissertation que j'en ai faite.

Usage de l'Alun dans les Hémorragies. Méthodes d'Helvétius.

Les pilules d'alun se prennent à toute heure, lorsque l'occasion le demande. Dans les pertes de sang nouvelles & peu considérables, la dose est d'un demi-gros. On en forme des pilules de la grosseur d'un poids avec la pointe d'un couteau; & on les donne au malade, enveloppées dans du pain à chanter, avec un verre d'eau pannée par dessus, ou bien de tisanne, telle qu'elle est décrite à la fin de ce mémoire. Un quart d'heure après, on doit donner au malade un verre de la même boisson. On rëitére ce reméde de quatre heures en quatre heures, dans toutes sortes d'Hemorragies. Mais dans les occasions pressantes, où le sang sort à gros bouillons, on le donne de deux heures en deux heures. Quand la perte de sang est tout-à-fait arrêtée, on en donne seulement le matin & le soir, & on continue cet usage pendant huit ou dix jours, & même plus long-temps, si on le juge nécessaire.

On commence pour l'ordinaire à s'appercevoir de la diminution du mal, après la quatriéme ou cinquiéme prise ; & la perte s'arréte toujours peu-à-peu, sans que le malade s'apperçoive d'autre changement au-dedans du corps, si ce n'est que quelque fois il ressent de légers maux de cœur, qui durent très-peu, & qui ne vont jamais jusqu'à faire vomir avec effort.

Les malades qui crachent ou qui vomissent le sang, doivent avoir leur chevet fort haut, afin de tenir leur poitrine dans une situation commode.

Dans le saignement de nez, on donne comme à l'ordinaire, les pilules de quatre heures en quatre heures, & l'on réduit en même temps quelques-unes de ces pilules en poudre subtile, qu'on mêle avec autant d'yeux d'Ecrevisses. On en met un peu au bout d'une grosse tente, qu'on a soin d'insinuer dans le nez du malade, & qu'on y laisse aussi long-temps qu'on le juge à propos. Lorsqu'il s'agit de l'ôter, on doit lui faire respirer un peu de bouillon gras, afin que cette tente ainsi humectée se détache, sans faire aucune excoriation.

La perte de sang par les Hémorroïdes, est très-difficile à guérir, parce qu'elle revient peu de temps après. Ces récidives sont causées par les efforts que le malade fait en allant à la selle, lesquels rouvrent ordinairement les vaisseaux. Comme on ne peut s'exempter de ce besoin, il faut dans cette occasion prendre l'alun en poudre, le mêler avec autant de farine, & en faire une pâte avec le mucilage de gomme adragant, pour en former des suppositoires de la grosseur & de la longueur, à peu près du petit doigt. Lorsqu'ils sont demi secs, on en met un le matin, & l'autre le soir; & on les garde deux heures, s'il est possible. Il faut continuer de s'en servir jusqu'à parfaite guérison. Par ce moyen les vaisseaux se réunissent plus promptement, que si on se servoit uniquement des pilules, ou de l'alun en injection, & la cicatrice devient assez forte, pour résister dans la suite aux efforts qu'on est obligé de faire.

La poudre de corail convient parfaitement dans toutes les Hémorragies, & facilite toujours la guérison. On en peut donner une prise tous les soirs dans un verre d'émulsion, lorsque les malades sont agités pendant la nuit, par la toux, par l'insomnie, ou par quelques autres accidens, on peut la continuer tous les soirs jusqu'à parfaite guérison.

Il faut observer pendant toutes ces maladies, un bon régime de vivre, ensorte que l'abstinence soit plus ou moins exacte, selon que la replétion est plus ou moins considérable.

Quand la perte vient d'un bouillonnement extraordinaire du ſang, on doit choiſir une nourriture propre à le tempérer, comme des potages & des bouillons faits avec le jarret de Veau & le Poulet, en y ajoûtant le pourpier, la chicorée & autres herbes ſemblables. On peut auſſi manger de ces mémes viandes roties, & lorſqu'on reconnoît une eſpéce de diſſolution dans le ſang, on doit ajouter à ces nourritures, le ris, l'orge mondé, la ſémoule, les œufs frais, & l'uſage des Ecreviſſes en bouillon, en potage, ou autrement, pour contribuer à adoucir les ſels âcres de la maſſe du ſang.

Après la guériſon, les malades doivent ſe purger trois ou quatre fois avec les pilules purgatives, & prendre auſſi, ſelon le beſoin, des lavemens rafraîchiſſans, dont la décoction ſera de petit lait, ou d'eau de ſon, en y mélant trois onces de Miel de Nenuphar.

Les grandes & longues Hémorragies ſont toujours ſuivies de dégoûts, d'altération, de laſſitude, de battemens de cœur, d'inquiétudes, de douleurs de tête, & de quelques mouvemens de fiévre. Mais le malade ne doit pas s'en inquiéter: car ces accidens ne durent guéres plus de quinze jours ou trois ſemaines, & la fiévre diminue peu-à-peu, ſans qu'il ſoit néceſſaire d'employer aucun fébrifuge.

Quand les pertes sont causées par l'inflammation des parties, on les peut appaiser par la saignée, & par l'usage des eaux de Forges & du lait. L'un & l'autre remède est très-capable de guérir & de rétablir promptement les malades, en tempérant la chaleur & le bouillonnement du sang. Il empêche aussi les récidives.

Au reste, il est inutile d'employer aucun remède contre les Hémorragies, qui sont critiques & salutaires : on doit alors laisser agir la nature. Mais lorsqu'elles sont trop abondantes, ou qu'elles durent trop long-temps, il faut s'y opposer avec prudence, & les arrêter par le moyen des remèdes que nous avons marqués.

Préparation du sel mirable.

Prenez de l'huile de vitriol bien rectifiée & déflegmée autant qu'il vous plaira. Versez dessus peu-à-peu de l'esprit de sel armoniac, jusqu'à ce que la fermentation cesse. Faites évaporer à feu lent dans le même vaisseau, où la fermentation s'est faite, tirez-en l'humidité & vous trouverez le sel mirable, dont on ne sçauroit assez louer les vertus.

On s'en sert pour l'extraction & séparation du pur de l'impur, tant sur les métaux, & minéraux que sur les végétaux.

Autre manière de faire le sel mirable de Glauber.

Vous prendrez quatre onces de sel commun, que vous ferez dissoudre dans seize onces d'eau. Filtrez la dissolution & la mettez dans une cucurbite de grais; & versez dessus quatre onces de bonne huile de vitriol. Mettez sur cette cucurbite un chapiteau que vous lutterez bien, vous y joindrez un récipient. Distillez à feu doux au commencement pour faire sortir une eau insipide, & quand l'eau distillée fera quelque impression à la langue, changez de récipient à long col que vous lutterez. Augmentez le feu par degrés, & peu-à-peu jusqu'à ce que vous voyiez les goutes tomber lentement, ce qui marque la fin de la distillation. Alors laissez refroidir les vaisseaux, que vous délutterez & trouverez dans votre récipient, un esprit de sel doux & agréable, qui est utile quoique foible.

Mais dans la distillation, rafraîchissez de temps-en-temps la chappe de votre alambic avec des linges mouillés, pour accélérer la condensation des esprits. Vous romprez votre cucurbite si elle ne l'est pas pour en tirer le sel qui sera au fond. Vous le mettrez dans un vaisseau de verre bien bouché pour le préserver de l'air qui le fondroit aisément. Il vous restera cinq à six onces de sel.

Crystaux du Sel mirable.

Pour réduire ce sel en crystaux, vous en prendrez une partie que vous ferez dissoudre dans cinq ou six parties d'eau commune : filtrez la dissolution, que vous exposerez au fond d'une terrine de grais, en vingt quatre heures, si vous le faites en hyver. Vous trouverez aux parois de votre terrine, presque tout votre sel converti en beaux crystaux que vous laverez dans de l'eau commune, qui soit froide ; en ayant séparé auparavant la liqueur salée par inclination. Vous l'exposerez encore au froid pendant deux ou trois jours ; & il s'y formera de nouveaux crystaux, qu'il faudra laver, comme les premiers en eau froide, jettez ensuite cette eau comme inutile.

Vertus de ces Crystaux.

On en fait dissoudre une dragme dans trois poiçons d'eau, où l'on a fait infuser deux gros de follicules de séné, où l'on ajoûte une once de manne, que l'on passe à travers un linge clair. L'on en prend le matin deux verres à une heure de distance l'un de l'autre. C'est une Médecine excellente pour faire sortir les humeurs peccantes, sur tout les eaux des hydropiques.

Pierre de Vitriol.

Voici la pierre médecinale, dont se servoit le Docteur Joseph Quinti, Médecin de Venise. Alun de Roche: vitriol blanc & céruse, quatre onces de chaque. Bol d'Armenie, demi-once. Safran, une dragme.

Mettez en poudre & mêlez, faites bouillir en remuant jusqu'à siccité dans de l'eau commune. Pour vous en servir, prenez une demi-once de cette matiére séche ou en pierre, que vous ferez dissoudre dans de l'eau-rose: trempez-y un linge & l'appliquez sur le lieu enflammé par l'érésipelle, & vous y sentirez un grand soulagement.

Autre maniére.

M. Lemery simplifie cette pération sous le nom *de Pierre médicamenteuse*; il prend du colcothar ou vitriol calciné à rougeur, deux onces: de la litharge, de l'alun, & du bol de chacun quatre onces. Mettez ces poudres en un pot vernissé, sur lequel vous verserez de bon vinaigre distillé, jusqu'à ce qu'il surpasse la matiére de deux bons doigts. Bouchez bien le vaisseau, & le mettez en digestion pendant deux jours.

Ajoûtez-y huit onces de nitre fin, deux onces de sel armoniac. Mettez le pot sur le feu, pour en faire évaporer l'humidité. Calcinez la masse restante à grand feu, & vous aurez dix-huit onces, deux dragmes.

On en dissout une once dans huit onces d'eau de Plantain ou de Forge, dont on fait injection pour arrêter la gonorrhée. Elle est bonne pour les yeux, en faisant dissoudre huit grains ou environ, en eau de Plantain ou d'Euphraise, quatre onces, & en humecter les yeux.

Elle arrête le sang des playes, en humectant un linge que l'on applique sur la playe: cette eau est par conséquent vulnéraire.

Pierre médecinale de très-grande vertu.
Crollius, pag. 442.

Prenez donc:
- Vitriol verd, une livre.
- Vitriol blanc, demie-livre.
- Alun, une livre & demie.
- Anatron, trois onces.
- Sel commun, trois onces.
- Sel de tartre.
- Sel d'absynthe.
- D'Armoise.
- De chicorée.
- De plantain.
- De persicaire, demi-once.
- Des six derniers sels.

Que le tout soit mis dans un pot de terre

verni & neuf, dans lequel il faut mettre suffisamment du vinaigre rosat. Il faut après cuire cela lentement au feu de charbons, l'agitant souvent, & lorsqu'il commence à s'épaissir, il y faut mettre céruse de Venise pulvérisée, demie-livre, bol d'Arménie, quatre onces; cela étant dedans, il ne faut pas s'épargner à l'agiter, afin qu'il se mêle comme il faut. Continuez cette agitation sur le feu, jusqu'à ce que cette masse soit réduite en pierre, laquelle il faut garder pour son usage, après avoir brisé le pot.

Qui voudra y pourra ajoûter de la myrrhe & de l'ençens, faisant toujours la coction lentement, afin que par la force du feu, la force des ingrédiens ne s'évapore, ou que les gommes de myrrhe & d'encens ne se brûlent pas.

Ses vertus & usages.

Pour ce qui est de ses vertus, elles sont innombrables: quant à la façon d'en user, elle est telle: prenez eau de pluye, & y faites liquefier une once de ladite pierre, & faute d'eau de pluye, vous pourrez vous servir de l'eau de Riviére, mais non pas de Fontaine.

Il faut après filtrer cette eau, & jetter les féces, car l'on ne se sert que de l'eau claire, trempant un linge dedans.

Premiérement elle ôte & guérit incontinent tous les ulcéres extérieurs du corps, étant lavés ſoir & matin; y mettant le linge trempé dans ladite eau. Cette eau arrète toutes les fluxions, & mondifie & conforte la partie malade.

Elle deſſéche les playes & ulcéres invétérés avec un grand étonnement & admiration, ſi on applique deſſus un linge trempé dans ladite eau, comme j'ai déja dit.

Elle raffermit les dents, & empêche la putréfaction des gencives.

Elle arrête les larmes des yeux, mitige la douleur, & en ôte la rougeur & chaſſie, arroſant ſeulement les côtés des yeux de ladite eau, avec un petit morceau de plume.

Si l'on s'en veut ſervir encore pour les yeux, on la peut mêler avec de l'eau-roſe, d'euphraiſe & vervéne, dans leſquelles elle ſe diſſoudra: toutefois ſi c'eſt avec de l'eau de vervéne qu'on la diſſolve, il faut que ladite herbe ſoit cueillie au mois de Juin ou Juillet, avant le Soleil levé, & la laiſſer un mois en digeſtion dans du vin, puis la diſtiller.

Elle guérit le feu ſacré ou de ſaint Antoine, auſſi-bien que des éréſipelles, mettant ſur le mal un linge mouillé dans ladite eau; il faut prendre garde de tenir toujours le linge humide, & ſans doute ſera guéri dans vingt-quatre heures. Si par haſard il demeure quelques trous, il les faut mouiller de ladite eau dans laquelle la pierre ſera diſſoute, & l'on en verra des effets admirables.

Pour la galle, tant des mains que du corps, il ne faut que s'en laver le ſoir avant que de ſe coucher.

Elle guérit les dartres, mais pour lors il faut que l'eau ſoit un peu plus forte, & qu'elle ait moins ſervi, & elle agit avec plus de force, elle eſt auſſi bonne pour la teigne

Ses effets ſemblent miraculeux pour les chancres des mammelles déja ouverts.

Elle ne fait pas de moindre effet pour les chancres qui viennent à la bouche, outre qu'elle eſt fort utile pour quelque maladie des gencives que ce ſoit.

Elle guérit le *noli me tangere*, ulcéres du goſier & autres excoriations de bouche, en quelle maniére qu'elles ſoient ar[illegible]vées, & c'eſt avec une ſimple ablution ou gargariſme, ou (s'il eſt à propos) tremper un pinceau dans ladite eau, puis en laver la partie affectée.

Ladite eau mortifie & mondifie toute playe, quoiqu'invétérée; & ce qui eſt le plus remarquable, elle fait ſon opération ſans que le malade ſente aucune douleur;

même si ceux qui ont des pilules ou vessies blanches aux pieds, se lavent de ladite eau, ils sont assurés d'être bientôt guéris.

C'est encore un médicament très-bon pour tous les abcès, pourvû qu'on y applique un linge mouillé dans ladite eau.

Pour toutes sortes de brûlures, soit de feu, fer, plomb, huile, graisse: il faut seulement mettre dessus ladite brûlure un linge mouillé dans la susdite eau, & continuer quelques jours. Pour le fic de quelque espéce qu'il soit, il faut mouiller un linge comme nous avons dit des autres, & l'appliquer dessus.

Sucre, Sel, Beurre, ou Miel de Saturne.

Prenez de la mine de plomb, ou céruse, craye blanche vraye, & non-falcifiée, pilez-les bien ensemble, les humectant avec du vinaigre distillé, puis les laissez sécher à leur aise, après que cela sera sec, broyez-le encore une autrefois, & le mettez dans un vase de verre, y versant encore du vinaigre distillé dessus, à l'éminence de trois ou quatre doigts: après mettez votre vase en quelque lieu chaud où personne n'habite, car la fumée de ce vinaigre est mauvaise & nuisible. Vous le pouvez mettre sur les cendres chaudes, laissant faire la digestion l'espace de deux jours

jours entiers, & l'agiter ſouvent. Notez qu'en l'agitant, ou mettant des cendres chaudes, il faut avoir ſon mouchoir devant le nez, afin de ne reſpirer pas cette fumée. Le vinaigre ſe teindra, & prendra une couleur jaune, & une ſaveur fort douce & agréable. J'ai averti qu'il falloit que le vaſe fût de verre, car la force du vinaigre le feroit fuſer étant de terre. Après que votre vinaigre ſera teint, tirez-le dehors, & y en remettez d'autre nouveau, juſqu'à ce qu'il ne ſe colore plus, & qu'il ne devienne plus doux. Cela fait, retirez votre vinaigre au bain, la gomme demeurera au fond, ſur laquelle il faut verſer de l'eau de pluye diſtillée, diſſoudez-le une autrefois, & les féces du vinaigre demeureront au fond, continuez à y remettre d'autre eau nouvelle ſur ces cendres, juſqu'à ce qu'il ne s'en puiſſe plus rien retirer; après filtrez votre eau & l'évaporez, & vous aurez à la fin le ſel qui ſe réſoudra de ſoi-même en huile, dans une cave humide. On peut calciner le ſel qui a été préparé la premiére fois, puis le broyer ſur le marbre, afin que les meilleurs eſprits ne s'exhalent point.

L'on peut encore mettre le vinaigre diſtillé ſur les cendres chaudes, l'eſpace de trois ou quatre jours, afin qu'il ſe puiſſe diſſoudre peu-à-peu, par la fréquente agitation qu'il y faut faire. Ce qui est clair se tire par le filtre, jettant les féces après, car elles ne servent à rien; si on réïtére cela quelquefois on aura le sel aussi clair que le cristal, lequel il faut après dissoudre sur la fin en eau de Fontaine, en l'évaporant ensuite. Ce sel, comme j'ai dit, se convertit de soi-même en huile, étant en un lieu humide.

Ses vertus & usages.

Ce sucre de Saturne adoucit & corrige tous les mercures corrosifs ou sublimés, à raison de quoi il est admirable pour les ulcéres corrosifs qui proviennent d'un sel âcre: car comme le sucre vulgaire tempére & corrige l'amertume & l'acrimonie des végétaux; de même ce sucre de Saturne mitige & corrige l'amertume, acrimonie & corrosion des minéraux, comme arsenic & mercure.

C'est un médicament admirable contre la pourriture qui survient quelquefois à la bouche.

Il est très-efficace pour les ulcéres malins, corrosifs, chancreux & semblables; même pour les loups qui viennent aux jambes.

Il n'est pas de moindre efficace pour la gratelle & le feu volage.

Il purge & mondifie les vieux ulcéres.

& les abcès, & à grande peine peut-on dire sa bonté pour les playes.

C'est un secret admirable (comme fait fort bien voir Paracelse) pour toutes sortes de brûlures que ce soit causées par feu, fer, huile, graisse ou autres; & n'est pas moins propre contre les inflammations, & tumeurs s'il est mêlé avec eau de plantain, ou *solanum*, & appliqué chaudement avec des linges mouillés dans icelui, comme j'ai dit de la pierre médecinale: pour le feu persique, il faut tremper un drapeau rouge dedans, & puis l'appliquer sur le mal.

Il fait des merveilles pour les pustules rouges, lesquelles surviennent à la face.

Il ôte à l'instant les tumeurs mêlé avec huile d'olive, ou de camomille, ou avec eau-rose.

Pour les inflammations & rougeur des yeux, il le faut mêler avec eau-rose, ou d'euphraise, & il ne se peut guéres trouver un meilleur remède.

Il guérit assurément tous ulcéres & playes, & contractions de membres mêlé avec huile de térébentine, continuant l'onction de ladite huile ou sucre, sur la partie malade.

Il est fort profitable pour les chancres, fistules & ulcéres qui viennent aux mammelles, oignant ſeulement la partie affectée, comme j'ai dit.

Par ſon uſage externe, toutes les tumeurs, inflammations, & douleurs des membres ſont ôtées en peu de temps.

Quelques goutes de ladite huile données par le dedans avec un bon vin blanc, délivrent à l'inſtant de la colique.

Pour les grandes inflammations internes, on en donne le poids de trois grains en eau-roſe ou de plantain.

On y peut encore mettre de l'eſprit de vin, lequel attire le plus ſubtil à ſoi, puis tirant l'eſſence dudit eſprit, il ſe peut donner au lieu de ſel. Le Saturne eſt d'une nature fort froide, c'eſt pourquoi l'on s'en ſert pour les inflammations.

Il fait des merveilles pour la ſiévre-quarte, & affections de la rate, ſans oublier les points ſurvenans autour du nombril.

On s'en peut ſervir mélé avec les emplâtres & linimens, ou bien appliqué après qu'il eſt réduit en huile, ou melé avec eau appropriée.

Ce ſel ou ſucre de Saturne pris dans le corps, reprime les affections vénériennes, à cauſe de ſa froideur. Ceux qui ſont réſolus de vivre chaſtement, ne ſçauroient mal faire d'en avoir toujours pour leur uſage interne; on s'en peut ſervir extérieurement pour la même chose, dissous ou détrempé avec quelque huile que ce soit.

Par une singuliére distillation, l'on peut retirer l'esprit inflammable de ce sel ou sucre : & c'est par cet esprit (fortifié de son sel) que beaucoup de gens ont tâché de rendre potable la chaux de l'or préparée par le bénéfice de l'eau régale : mais la foi doit être ajoûtée aux expériences.

VITRIOL.

Choix du Vitriol selon Valére Corde.

Comme il y a plusieurs espéces de vitriol, il faut sçavoir quelle espéce est convenable pour en tirer l'huile : & quoique de toutes espéces de vitriol on puisse tirer l'huile par distillation : cependant de celui qui est bleu ou verd, on en tire une plus grande quantité, & la plus excellente : parce qu'il contient plus de soufre volatil, par le moyen duquel l'huile monte plus facilement : outre cela il faut sçavoir que le naturel, tel est celui de Hongrie, est meilleur que l'artificiel : puis il faut choisir celui qui a de plus grosses grappes, & qui est en plus gros quartiers, & a de plus fortes écailles : mais celui qui est friable & qui s'émie facilement & se met en poudre, doit être rejetté comme inutile, aussi-bien que celui qui a acquis une blancheur ou couleur grisâtre & cendreuse par la force du Soleil ou de l'air. Fallop préfére le Romain au Germanic, parce que celui-la contient en soi un peu de fer.

La maniére de faire cuire le vitriol selon le même.

A cause que le vitriol contient en soi beaucoup d'aquosité & d'humeur excrémenteuse, qui détrempe l'huile, & ne peut sinon avec le temps & à grande peine être séparée de l'huile; voici un moyen fort court pour consumer en bref toute cette humidité aqueuse, afin qu'elle ne donne aucune peine dans la distillation.

Prenez douze livres de vitriol choisi comme ci-dessus, jettez-les dans un pot de terre qui soit grand, tout neuf & bien cuit, mettez ce pot sur un fourneau profond, sur un feu de charbon & brasier bien allumé : sitôt qu'il commencera à se fondre & bouillir, remuez-le avec une spatule, & en mêlez de l'entier parmi celui qui sera déja fondu jusqu'à tant que celui-ci soit fondu, puis laissez-le bouillir jusqu'à ce qu'il ne jette plus ni bouillons, ni bouteilles, & que le tout soit devenu épais : alors ôtez le pot de dessus le feu avec son vitriol, & le mettez en lieu qui ne soit ni humide, ni exposé aux vents, mais sec & modéré pour se refroidir aisément : dès qu'il sera refroidi, tirez-le du pot de terre & regardez si le dessus du vitriol sera par-tout rouge. Car la rougeur est un signe certain d'une parfaite cuisson, afin que plus facilement il puisse être calciné.

Poudre de sympathie.

Ayez une livre de vitriol Romain mis en poudre grossiére : vous le placerez sur un plat de fayence, & l'exposerez au Soleil dans les jours caniculaires,& il s'y calcinera & deviendra très-blanc, il faut le remuer trois ou quatre fois le jour. Prenez garde sur-tout de ne le pas laisser à la pluye, ni au serain de la nuit. Quand il sera calciné en poudre impalpable, vous l'enfermerez dans un papier, que vous mettrez dans une boëtte, pour le tenir toujours séchement.

La même chose se fait avec le vitriol commun ; je l'ai éprouvé d'une & d'autre maniére ; mais le vitriol Romain devient beaucoup plus blanc, & paroît plus pur & contient un esprit ferrugineux, qui est astringent.

Usage.

Ce reméde singulier par son action, sert à guérir les playes ; mais on ne l'applique pas sur l'endroit offensé si l'on ne veut. On se contente de prendre du sang de la playe dont un linge, mouchoir, ou étoffe sont imbibés; on les met dans un plat de fayence avec de l'eau, & une quantité suffisante de poudre de sympatie, qui se dissout dans cette eau & lui donne une couleur jaunâtre; il est bon de mettre le plat ou à un Soleil modéré ou dans une chambre d'une chaleur tempérée. Mais il ne faut pas couvrir le plat, ni le mettre à la cave. Si c'est en hyver, il faut empêcher l'eau de geler. Il suffit de tenir la playe nette sans aucun onguent, mais seulement entourée de linges très-propres: & ce reméde agit en très-grande distance, même d'un bout de la ville à l'autre. Il est bon, pour le mieux, de renouveller tous les jours d'eau & de poudre sur le même linge, ou sur du sang plus fraîchement sorti de dessus la playe.

Mais on a fait depuis peu d'années un autre usage de cette poudre. On en met dans des sachets de soye que l'on applique ou que l'on porte toujours sur l'estomac à crû. C'est, dit-on, un amulete contre l'apoplexie. C'est un reméde qu'un Epicier Droguiste vend assez chérement, & qui ne lui coûte guéres. Il faut renouveller tous les mois la poudre des sachets, Elle a plus de force & de vertu.

Quelques personnes prétendent pour

la guérison des playes, mêler le vitriol avec de la gomme adragant; mais cette gomme qui arrête & fixe la poudre du vitriol, empêche par conséquent l'action des esprits vitrioliques. La faire simplement telle que je l'ai marquée, est la meilleure manière.

Autre préparation.

Prenez du Vitriol commun que vous mettrez en poudre & calcinerez au Soleil comme on vient de marquer. Puis prenez séparément de la gomme adragant que vous mettrez en poudre & calcinerez à la même chaleur du Soleil: mettez autant de couperose en poudre subtile & calcinez de même mais séparément.

Quand vous voudrez composer votre poudre de sympathie, il faut prendre parties égales de ces poudres, & les mêler pour s'en servir ainsi qu'il vient d'être dit. Elle se peut appliquer sur les parties blessées; avec une compresse & un astringent fait de bol fin, de terre sigillée, de blanc d'œuf & de vinaigre. Pour le seignement du nez, on peut la mettre dans un linge, & la faire sentir au malade au travers d'un linge.

La calcination du Vitriol ou Couperose selon Valere Corde.

Après que vous aurez ôté le vitriol du vaisseau de terre, rompez-le par petits morceaux, & le pilez bien délié dans un mortier, puis jettez la tierce ou quatriéme partie d'icelui dans un vaisseau de terre bien fort & tout neuf, accommodez ce vaisseau sur un fourneau profond comme auparavant avec un feu ardent : brûlez quelque temps le vitriol jusqu'à tant qu'il devienne roux, incontinent ôtez le vaisseau de dessus le feu & le remuez, afin de voir si le vitriol est assez calciné. Car si le vitriol flote & fait des vagues dans le vaisseau à la façon de l'argent-vif ou plomb fondu, & jette au loin des bouillons & bouteilles ; tenez pour certain qu'il est assez brûlé : alors versez-le dedans un gros pot neuf de terre premiérement échauffé, & vous le verrez couler comme s'il étoit liquide, ou en la façon de l'argent-vif : calcinez le reste de même façon que le premier : après qu'il sera tout calciné, mêlez-le derechef fort bien dedans le mortier, le remuant assez doucement, afin que vous évitiez une poudre qui pourroit offenser les narines & la gorge.

Quand vous aurez mis tout cela en

exécution, mettez votre vitriol dans des balances, & sçachez ce qu'il peut peser : car s'il y en a six livres de reste à sçavoir la moitié de ce que vous aurez mis premiérement, tenez pour certain que vous avez très-bien travaillé.

Distillation du Vitriol.

Vous choisirez une retorte propre pour cette opération, qui soit de bon verre ou de grais & qui puisse soutenir la violence du feu dans cette distillation, qui est vive & longue. Luttez cette retorte tout autour, avec le plus de lut que nous marquons ci-devant : jettez-y tout le vitriol que vous avez calciné ; sçavoir six livres comme nous avons dit, à condition toutefois que la retorte ne soit remplie qu'aux trois quarts, afin que les esprits du vitriol puissent circuler & monter : posez cette retorte sur des barres de fer pareillement bien luttées, & entre deux immédiatement mettez comme une tuile ou piéce de pot de terre aussi luttée, si bien que la retorte soit soutenue au milieu du fourneau : le bec ou col extérieur d'icelle courbé, doit se montrer & s'avancer par dehors, & le conduit par ou ce col passe sera cimenté du mortier. Puis vous mettrez un couvercle ou dôme à votre fourneau sous lequel soit la retorte : ce dôme aura quatre trous ou registres un à chaque angle, avec un autre pour le conduit de la fumée qui sortira du fourneau, chaque trou de telle largeur que le pouce y puisse entrer & sortir à l'aise : faites-y quatre petits bouchons de mortier pour ouvrir ou fermer ces quatre registres. Ayant fait cela, adaptez au col de la retorte un grand matras pour récipient, qui soit de verre très-fort: plus il sera grand & ample, mieux il recevra les esprits, au lieu que s'il étoit petit, il y auroit danger qu'il ne se cassât, par la trop grande vivacité des esprits: jettez pareillement dans la retorte seize onces d'eau fort claire, car l'eau fera incontinent monter la partie plus subtile du vitriol, & empêchera que le récipient ne se rompe: dont il faut lutter soigneusement les jointures, & se donner garde qu'il ne tombe rien dedans; & l'huile se teindra en couleur roussâtre: ceci étant préparé, laissez sécher toute la nuit votre lut, & si quelques crevasses apparoissent quelque part, enduisez-la incontinent de mortier: le lendemain matin faites à votre fourneau un feu clair de bon gros & purs charbons, laissant ouvert un des quatre registres, par où la fumée puisse s'évaporer, & augmentez peu-à-peu & successivement le feu jusqu'au soir: alors il faut ouvrir un autre registre: cependant regardez soigneusement si quelques esprits & fumée sortent de la retorte & si vous voyez quelque fumée blanchâtre: la nuit suivante prenez garde que le feu ne diminue; mais plutôt s'augmente peu-à-peu, puis le feu étant ainsi augmenté, vous le tiendrez en sa force: & le second jour ouvrez le troisiéme registre, en augmentant par même moyen le feu jusqu'à ce que le col de la retorte devienne rouge: la nuit suivante, qui est la seconde, augmentez le feu, & incontinent après minuit, ouvrez le quatriéme registre: quand le feu sera venu à une si grande vigueur, vous verrez sortir les esprits comme des nuées amassées, ouvrez tous les registres du fourneau, & mettez les charbons dans le fourneau sans intermission, jusqu'à ce que le récipient même devienne rouge, prenant garde avec grand soin que rien ne tombe par cas fortuit, ou par mégarde sur la retorte, ou réceptacle qui soit froid ou humide: cette distillation doit être faite en lieu clos & couvert, où ni la pluye ni le vent puissent donner, & il faut aussi entretenir le feu jusqu'à ce que nulles vapeurs ne paroissent plus. Ce que vous pourrez connoître aisément, parce que le récipient s'éclaircit de lui-même. Laissez éteindre le feu de lui-même, & laissez reposer & refroidir les vaisseaux du moins 24 heures;

puis ôtez le récipient avec la liqueur qu'il contient, & le gardez à part jusqu'à ce que vous sépariez l'huile d'avec l'eau, alors cassez la retorte, & regardez si le *caput mortuum* sera noir : car c'est le signe de l'œuvre parfaite.

De l'huile de Vitriol. La maniére de faire l'huile de Vitriol selon Valére Corde. Chap. 33.

Les Chymistes font grand cas, & les Médecins estiment fort l'huile de vitriol, laquelle est appellée d'aucuns huile de vie, ou mélancolie artificielle, & d'autres espéce d'or potable, parce que la mine du vitriol est une espéce de mine d'or. Les Médecins l'ont pour cejourd'hui en fréquent usage, mais la cachent & tiennent comme un grand secret. Ce n'est autre chose qu'une qualité & substance alumineuse, extraite artificiellement du vitriol, mêlé avec médiocre quantité de soufre : car le vitriol dont est faite cette huile, est composé de trois substances, à sçavoir grande quantité d'alun, quelque peu de rouillure & peu de soufre. Car l'eau alumineuse ès métaux distillant par les veines d'airain & par la marcasitte acquiert une qualité de rouillure, & mêlée parmi le soufre qui est en la marcasitte, se congéle peu-à-peu, ou bien l'on fait cuire artificiellement à épaisseur : quand donc on vient à distiller le vitriol, il n'y a que la vapeur de l'alun & du salpêtre seulement qui monte, mais la qualité de la rouille demeure au fond de la retorte : d'où vient que cette huile retient la saveur de l'alun, & non de la rouille? Or il y a deux sortes d'huile de vitriol, l'une âpre, & l'autre douce : l'âpre est composée de deux substances ou qualités, à sçavoir de beaucoup d'alun & de peu de soufre : la douce n'a que le soufre simplement. Car ce n'est autre chose, que soufre liquide extrait d'huile âpre : par quoi elle ne ressemble en rien à l'alun, mais au soufre : toutes les deux doivent être faites avec grand soin & diligence, si bien que le fourneau soit commode, la retorte bien faite & que le récipient soit bien ajusté ; parce que la propriété des instrumens font l'homme maître, ainsi que disent les Chymistes. Voilà ce qu'en a dit Valére Corde : au surplus un certain Personnage bien exercé à l'art chymique, non sans raison forme des doutes, sur ce qu'ont entendu les anciens Philosophes, par ce mot d'huile de vitriol ; à sçavoir si c'est l'huile que nous avons décrite, ou quelqu'autre chose, qui soit pour le moins différente d'avec la nôtre, en maniére de préparation, non pas en matiére dont elle est faite : car parce que outre une infinité d'autres de ses facultés, elle a une qualité corrosive, ce que l'on peut facilement connoître en ce qu'elle ne peut être gardée sinon dans un verre renforcé de Venise, & qu'elle consume lévres chancreuses, sitôt qu'on l'a appliquée; & ne peut se faire que son usage ne soit aucunement dangereux. Par quoi j'estimerois, dit-il, que les Anciens l'eussent préparée d'une autre façon, & qu'elle fût plus subtile & sans corrosion, mêmement distillée au bain-marie: mais parce que cette façon nous est inconnue, ceux qui sont venus après eux, ont imaginé d'unes & d'autres préparations, à l'imitation de celle des Anciens: car personne ne doute combien servent les préparations à la perfection des huiles, puisque par le moyen d'icelles préparations est séparé le pur, & nuisible d'avec l'impur & le profitable, ainsi que le subtil & pénétrable d'avec le grossier & immobile: aussi d'autant que la chose peut être rendue plus subtile, plus claire, & plus spiritueuse, d'autant elle montre ses forces plus grandes en son action, parce que le marc des élémens simples empêche les actions, pour cette cause les anciens Philosophes font mention de réduire les choses à leur premiére matiére, à laquelle quand on est parvenu, la chose acquiert une extrême ſubtilité, & fait des effets admirables en ſes actions. Par quoi je ne doute pas qu'une telle huile de vitriol, ayant acquis par ſa préparation une auſſi grande ſubtilité ne doive être en toutes ſes actions non-ſeulement très-parfaite, mais auſſi nullement nuiſible. Il eſt vrai que quand les Artiſtes ſeront négligens & pareſſeux en la préparation d'icelle, auſſi étant priſe par la bouche & miſe dans le corps, elle ſera plus dangereuſe & participera du venin. Afin donc qu'il ſe commette moins de fautes en ſa préparation & diſtillation, & que l'huile ſoit beaucoup plus parfaite, il faut avant tout, diligemment conſidérer trois choſes : la premiére faire ſon choix du vitriol, la ſeconde comme il le faut cuire; & enfin quel moyen il faut tenir pour le calciner : car il ſemble que la régle de préparer l'antimoine, qu'avons ci-deſſus propoſée puiſſe être accommodée à l'huile de vitriol. Si vous cherchez, diſent-ils, de fort bon antimoine préparé, calcinez-le exactement, comme s'ils vouloient montrer que l'antimoine ne peut être baillé ni bien, ni en ſûreté, lequel n'ait perdu en quelque façon que ce ſoit, ſa qualité vénéneuſe.

De l'huile de vitriol, & de la maniére de le faire, & à quoi il sert en la Médecine.

L'huile de vitriol, est une liqueur qui a de grandes vertus, parce que c'est une espéce d'or potable le vitriol étant une matiére peu différente de celle d'or. La maniére de faire cette liqueur est telle.

On prend le vitriol Romain, & on le met en un fourneau de reverbére, on le laisse au feu tant qu'il devienne rouge, alors il sera fait, & cela s'appelle calcination. Après ayez une petite cornue qui soit bien luttée, & mettez-y ledit vitriol préparé, & l'accommodez en un four à vent avec un grand récipient. Donnez-lui feu de bois clair, & continuez ainsi l'espace de huit heures, continuez, puis augmentez le feu jusqu'à ce que tous les esprits soient sortis, & cela au plus, se fera dans le terme de seize ou dix-huit heures. Il sera de couleur noire & fort corrosif, & cependant il se pourra boire. Mais il faut être averti que le voulant donner par la bouche, la dose ne passe point le poids de quatre grains, & cela se peut donner en toute sorte de breuvage que l'on voudra. Ce sera un fort bon remède en buvant deux ou trois fois la semaine, parce qu'il incise la bile, fortifie la nature, mondifie les reins, rafraîchit le foye, purge le ſang, & réſoud toute ſorte de fiévre chaude. Et l'appliquant à l'extérieur il mortifie toute eſpéce d'ulcéres corroſifs, les mondifie, & les diſpoſe à la guériſon, parce qu'après qu'il a fait ſon opération, ils ſe guériſſent avec peu d'aide. Il guérit la teigne quand on en fait onguent qui ne ſoit point corroſif, & ſert à une infinité de remédes dont je ne ferai point mention, pour laiſſer lieu aux autres d'en faire l'expérience, & pour en rechercher les vertus qui ſont très-conſidérables.

Huile excellente de Vitriol.

Prenez du vitriol bleu de Hongrie, que vous mettrez en chaux avec des cailloux calcinés & mis en poudre. Vous mettrez le tout en une cornue avec de l'eſprit de vin, qui doit ſurpaſſer la matiére de deux doigts; conduiſez le feu par degrés, très-fort ſur la fin, tant que tous les eſprits & l'huile ſoient ſortis. Mettez toute la liqueur en une cucurbite, avec un vaiſſeau de rencontre, & ferez digérer au bain pendant huit jours; diſtillez enſuite au même bain; l'eſprit de vin montera & l'huile de vitriol reſtera au fond du vaiſſeau; ce qui ne durera pas moins de trois jours, & même plus s'il reſte encore de l'humidité. Cette huile eſt très-agréable & fort rouge. C'eſt, dit Muller, (*in mi-*

curalis Chymicis) la meilleure maniére de faire l'huile de vitriol.

Les vertus de l'huile corrosive de Vitriol.

L'huile de vitriol pure & non-mêlée, ne doit & ne peut être prise dans le corps, parce qu'elle a une si grande acrimonie qu'elle brûle comme un feu les parties intérieures & tout ce qu'elle touche: car elle ronge & consume tout, hormis le verre & les choses grasses comme la cire, la poix & le suif, même elle change la couleur des huiles liquides, principalement de l'huile de macis, avec laquelle si on l'a mêlée, elle donne une couleur de sang: si on en met en deux fiolles, & qu'on les mêle ensemble qui ne soit qu'huile de vitriol, & qu'elle fut froide auparavant, elle devient si chaude de soi-même, qu'à grande peine on la peut tenir à la main, épandue en terre elle bouillonne comme une espéce de bile noire. Cette huile excite l'appetit, échauffe l'estomac refroidi, consume tout le flegme & les crudités, attenue les humeurs crasses & visqueuses, soulage dans la colique, & dyssenterie éteint la soif & ardeur des parties intérieures dans les fiévres, appaise soudainement le hocquet, & arrête les nausées & dégoûts de viande: mais il la faut corriger & modérer avec quelqu'autre chose; & ne la donner tout au plus que depuis deux jusqu'à quatre goutes dans des liqueurs convenables.

L'Esprit de Vitriol selon Brendelius.

Prenez du vitriol en poudre sans être calciné, la quantité convenable à votre retorte, qui doit être de grais ou de verre, l'une & l'autre bien luttée à l'épreuve du feu le plus violent. Mettez-la à feu nud avec son récipient, n'ouvrez pas les registres, donnez feu lent d'abord, & l'augmentez insensiblement en ouvrant successivement les registres l'un après l'autre; ce que vous ferez tant que les fumées blanches du vitriol rempliront le récipient, & s'y convertiront en esprit; ce qui ne doit pas durer plus de douze heures, quand même vous auriez mis dix livres de vitriol: mais il faut moins de temps suivant la quantité que vous y employerez. Il faut sur-tout empêcher qu'avec l'esprit, il ne vienne de l'huile corrosive dudit vitriol, qui ne manqueroit pas de donner une mauvaise qualité à votre esprit, que vous ne pourriez plus en séparer.

Pour déflegmer cet esprit, il faut attendre que vos vaisseaux soient refroidis, & après l'avoir tiré de votre récipient, vous le mettrez en une cucurbite couverte de son chapiteau à bec, que vous distillerez à feu doux de cendres, jusqu'à ce qu'il tombe des goutes un peu acides. Alors cessez cette distillation : & versez votre esprit en une cornue de verre & luttée, que vous joindrez exactement à son récipient ; placez la cornue à feu de sable, donnant le feu par degrés fort sur la fin, & par-là votre esprit de vitriol sera d'une bonne qualité & bien rectifié, & peut-être employé sûrement où l'on conseille cet esprit. Et il ne demande pas à beaucoup près, un feu ni aussi long, ni aussi vif que l'esprit que l'on tire avec l'huile corrosive. *Brendelius in Chymia, pag.* 25.

Huile de Vitriol.

Prenez le colcothar du vitriol qui vous est resté après la distillation de l'esprit ci-dessus : vous le mettrez en poudre & l'humecterez avec un peu d'esprit de vin. Faites digérer le tout en lieu froid, quatre ou cinq jours en une cornue, puis mettez votre cornue à feu nud par degrés fort sur la fin, tant qu'il n'entre plus aucune vapeur dans votre récipient. La distillation étant finie, vous séparerez votre esprit de vin à feu de cendres ; & au fond de votre cucurbite, il vous restera l'huile corrosive de vitriol.

Brendelius (*in Chymia pag.* 27.) assure que telle est la meilleure maniére de diſtiller cette huile, & trouve la maniére vulgaire très-défectueuſe, qui fait perdre inutilement l'eſprit de vitriol, qui ſe conſerve par ſa maniére d'opérer, telle que nous l'avons rapportée ci-deſſus.

Autre maniére particuliére de faire l'huile de Vitriol.

Ayez le meilleur vitriol que l'on puiſſe choiſir; faites-le diſſoudre en eau chaude, que vous laiſſerez clarifier & que vous filtrerez: mettez enſuite la liqueur en un vaiſſeau de cuivre ou de terre vernie; faites évaporer & laiſſez criſtalliſer. Séchez les cryſtaux que vous ferez derechef diſſoudre en eau très-claire, filtrez de même & deſſéchez comme auparavant. Broyez ſubtilement, & en mettez deux livres tout au plus dans une cucurbite de verre luttée, dans laquelle vous aurez mis auparavant un poiſſon ou quatre onces d'eau de-vie bien rectifiée, & adaptez un chapiteau à bec avec un récipient. Donnez feu léger juſqu'à ce que les fumées blanches commencent à paroître. Alors augmentez le feu juſqu'à la fin. Cohobez votre eau diſtillée, & recommencez de nouvelles diſtillations, tant qu'il ne reſte aucunes féces dans la cucurbite. Sur la fin diſtillez au bain bouillant, pour en tirer le flegme & l'eſprit & l'huile vous reſtera.

très-pure au fond du vaisseau. Distillez-la encore une fois toute seule à feu de sable, & vous aurez une huile de vitriol très-précieuse & très-bien rectifiée.

Huile douce de Vitriol.

Ayez du vitriol de Hongrie quatre livres, que vous mettrez en poudre subtile, desséchez-la doucement dans une cucurbite de terre vernie, qu'elle soit bien pulvérisée & y versez quatre livres d'eau-de-vie bien rectifiée. Faites-les digérer au fumier pendant quarante jours; distillez, & dans la distillation vous verrez l'huile de vitriol nager sur l'esprit de vin. Elle doit être séparée & rectifiée.

Huile de Vitriol dulcifiée.

Lefevre dulcifie cette huile par distillations réitérées : mais M. Lemery l'a rendu plus facile en prenant huit onces d'huile de vitriol, sur laquelle il verse peu-à-peu seize onces de bon esprit de vin en un matras, dans lequel il met un autre matras plus petit pour servir de vaisseau de rencontre; il faut laisser digérer à froid ces deux liqueurs pendant vingt-quatre heures : on met ensuite le vaisseau sur un petit feu de sable ou de cendres, on laisse la matiére se circuler pendant trois fois vingt-quatre heures : on laisse refroidir les vaisseaux,

ſeaux, & on verſe la liqueur en une bouteille que l'on bouche exactement. Elle eſt d'une odeur agréable d'un goût acide mais tempéré.

On en prend depuis quatre juſqu'à dix goutes dans une liqueur appropriée. Elle eſt apéritive, excite l'urine, ſoulage dans la pierre, purifie le ſang, arrête le vomiſſement, le cours de ventre immodéré, bonne pour l'aſthme, remédie au crachement de ſang & au ſaignement du nez, en humectant un peu de coton de cette eau que l'on inſinue dans les narines. Quelques-uns ont appellé cette mixtion l'eau ou eſſence de Rabel, qui l'a miſe en vogue en France, en Angleterre & dans les Pays-Bas, où elle avoit beaucoup de réputation.

Huile douce de Vitriol.

Vous prendrez de l'huile de vitriol bien déflegmée, dans laquelle vous mettrez le quart de ſon poids de limaille de fer, que vous mêlerez bien & mettrez ſur le feu pendant une heure, & votre huile de vitriol s'adoucira parfaitement. Filtrez cette huile par un drap & elle eſt excellente pour la diſſolution de l'or en feuilles ou en chaux.

Cette huile douce eſt très-bonne en Médecine : ſçavoir pour la pierre & gravelle, si on la distille sur le crystal calciné; pour arrêter le sang c'est sur le crocus de Mars; pour fortifier & ranimer les esprits, distillez-la sur le corail & sur les perles. *Quercetan.*

Huile de Vitriol composée.

Prenez quatre livres du sucre le plus fin, Rhapontique une livre, Rhubarbe une once, fleurs de mercuriale une livre, pilez & broyez le tout, dont ferez une pâte, puis versez dessus quatre livres de bonne eau-de-vie, que vous mettrez dans une retorte ou cucurbite avec votre pâte. Bouchez bien le tout, & le faites digérer pendant huit jours au fumier chaud. Distillez au bain-marie, tant que rien ne sorte plus. Mettez le marc en un linge blanc, & tirez-en la liqueur à la presse. Prenez ensuite de l'eau de fumeterre, de buglose & de scabieuse de chacune six onces; digérez-les avec le marc qui vous est resté, & tirez encore le tout à la presse; & jettez le marc qui devient inutile. Clarifiez & filtrez vos deux derniéres eaux, que vous mêlerez avec votre premiére distillation pour ne faire qu'une eau de ces trois & dans chaque livre de cette eau vous mettrez une dragme d'excellente huile de vitriol.

Conservez cette précieuse composition

dans une bouteille bien bouchée pour vous en servir dans le besoin. Elle fortifie l'estomac, guérit la rate, appaise la douleur de tête, conserve la santé aux vieillards. On en prend une demi-once le matin à jeun sans la faire chauffer, & l'on ne mange que quatre heures après ; & l'on ne mangera que des viandes d'un bon suc.

Séparation du soufre métallique du vitriol.

Faites dissoudre le vitriol dans de l'eau commune, & jettez dans la dissolution des grenailles de Zinch, & le soufre métallique du vitriol se précipitera, les faisant bouillir ensemble, & le sel vitriolique reste dans l'eau commune. Filtrez cette dissolution, évaporez & coagulez ce sel, qui donnera un esprit égal en force & saveur à l'huile de vitriol, mais plus pur, meilleur & plus facile que le commun.

Usage de la Pierre bleue, pour la guérison des maladies des yeux, & pour celle des playes, & des ulcéres invétérés. Composition de la Pierre bleue d'Helvétius.

Prenez du vitriol de Chypre, de l'alun, & du salpêtre de chacun une livre; pilez-les ensemble, & les passez à travers un tamis de soye. Mettez d'abord le tout dans deux pots de terre vernissés de deux pintes chacun, & les posez dans un fourneau entre les charbons ardens. A meſure que les poudres fondront, il faudra les remuer avec une ſpatule de bois, & ſitôt que l'ébullition commencera à monter, on retirera le pot du feu, & on y jettera dans l'inſtant une once de camphre réduite en poudre, que l'on mêlera avec la ſpatule de bois. Vous mettrez enſuite ſur le pot le couvercle, que vous lutterez avec une pâte de farine un peu ferme, appliquée ſur une bande de linge, laquelle débordera de trois doigts ſur le couvercle pour le boucher, & joindre exactement la circonférence. On tiendra deux gros linges tous prêts, que l'on poſera ſur le couvercle, pour appuyer deſſus fortement avec les deux mains, pendant un demi-quart d'heure. Lorſqu'on ſentira que le couvercle ne ſera plus repouſſé, ce ſera une marque que l'ébullition ſera ceſſée, & que l'opération ſera faite. Alors on laiſſera refroidir le pot, & on le caſſera pour en tirer la pierre, on la mettra en poudre, & on la gardera dans une bouteille bien bouchée pour s'en ſervir au beſoin.

Manière de préparer le Collyre pour les maux des yeux, du même.

Prenez un demi-ſeptier d'eau de Fontaine ou de Riviére, une cuillerée d'eau-de-vie, vingt-quatre grains de la pierre de vitriol composée réduite en poudre, autant d'iris de Florence, & trente-six grains de sucre candi. Mettez le tout dans une bouteille bien bouchée, & ayez le soin de la remuer de temps-en-temps.

Cette eau s'employe avec succès contre toutes sortes de douleurs, d'inflammations d'yeux, & de paupiéres, aussi-bien que contre les ulcéres, les tayes, & les dragons, (suites ordinaires de la petite vérole.) On guérit aussi avec la même eau les fistules lacrymales naissantes, qui ne consistent que dans la seule dilatation du sac lacrymal, & qui se forment sans altération de l'os, & sans obstruction au conduit nazal. C'est ce qu'on connoîtra, lorsqu'on verra le malade moucher également bien des deux côtés; & lorsqu'en pressant la tumeur, il ne sortira en même temps par le coin de l'œil, & par le nez qu'une lymphe claire, & sans mêlange de pus. On se servira alors d'un petit bandage d'acier à ressort, que le malade portera jour & nuit pour comprimer légérement la partie. Mais s'il paroît que le conduit nazal soit fermé, ou qu'il y ait altération causée par la fistule, on pourra pallier le mal, tant par l'usage des remédes généraux, que par le soin qu'on prendra de presser de temps-en-temps le coin de l'œil, pour ne pas laisser trop long-temps séjourner le pus; ensuite de quoi on étuvera la partie avec le Collyre.

Pour l'appliquer avec succès, il faut faire pancher au malade la tête tant soit peu en arriére, puis prendre un curedent de plume, & du gros bout répandre deux ou trois goutes de Collyre dans le coin, ou dans le milieu de l'œil. Quand la cuisson des premiéres goutes est passée, il faut appuyer avec le doigt à côté ou le long du nez en remontant, pour faire sortir l'eau & le pus du sac: après quoi il faut le bien essuyer pour y répandre d'autres goutes. Lorsque la cuisson aura cessé, il faut appuyer avec le doigt comme auparavant, ce qui nétoyera tout-à-fait le sac; ensuite y répandre d'autres goutes une troisiéme fois. Depuis cet instant il ne faut plus toucher avec le doigt; car le Collyre y doit rester pour un peu de temps. L'on doit réïtérer ce pansement trois ou quatre fois par jour, & porter jour & nuit le bandage à ressort pour l'œil; lequel néanmoins dans un pareil cas ne peut guérir parfaitement le mal sans l'opération.

Lorsqu'on voudra se servir de cette eau, on en fera dégourdir environ une cuillerée dans un petit gobelet de terre ou de porcelaine sur des cendres chaudes;

ensuite on y trempera une petite compresse de linge fin, & on s'en frottera le front, les tempes, la paupiére, & le tour des yeux; puis en penchant un peu la tête en arriére, on en laissera tomber sept ou huit goutes dans le coin de l'œil, remuant la paupiére, afin qu'il reçoive assez d'eau pour en être arrosé. Après avoir mouillé la compresse une seconde fois, on la laissera appliquée sur l'œil. Il faut réïtérer cet usage de quatre heures en quatre heures, & même plus souvent, lorsque les maux sont invétérés; lorsque l'inflammation est considérable; ou lorsqu'on s'apperçoit que la compresse devient séche. Dans les autres occasions, il suffira de se servir de cette eau soir & matin, & de laisser seulement la compresse mouillée sur l'œil pendant la nuit, observant de froter le soir les extrêmités des paupiéres avec la pomade de Tuthie, à laquelle on peut ajoûter un peu de sel de Saturne, & de précipité blanc bien édulcoré, en cas qu'elles soient ulcérées, ou avec une simple pomade faite avec l'huile d'olives battuë dans de l'eau froide.

Ces remédes empêcheront que les paupiéres ne se collent; car en les voulant ouvrir le lendemain, on arracheroit toujours des cilles, qui formeroient de nouveaux ulcéres, & qui retarderoient la guérison.

Si l'inflammation vient à diminuer, ou si cette eau cause une cuisson trop vive, on ne doit employer que dix-huit grains de la pierre bleue, au lieu de vingt-quatre, sur-tout à l'égard des enfans.

L'usage de ce reméde n'empêche point qu'on ne saigne, & qu'on ne purge les malades, lorsqu'ils en ont besoin. Le malade observera, autant qu'il pourra un régime de vivre humectant, & usera de la ptisanne adoucissante, & rafraîchissante faite avec de l'avoine, & des Ecrevisses.

Dans les simples inflammations, je conseille au malade de se laver les yeux trois ou quatre fois par jour dans le petit bain d'étain fait pour les yeux. On l'emplira à moitié d'eau tiéde, puis en panchant un peu la tête en devant, on l'appliquera sur l'œil, que l'on remuera de temps-en-temps; on jettera l'eau, & on en remettra de nouvelle cinq ou six fois de suite. Ce bain est très-efficace; il aidera à guérir le malade plus promptement, contribuant à éteindre le feu & les inflammations, & à entraîner les matiéres âcres & gluantes de la partie, qu'on doit penser ensuite avec le Collyre marqué plus haut.

Au reste, il est bon d'avertir que l'usage de ce Collyre, ne peut être d'aucune utilité contre les goutes seraines, contre les cataractes, ni contre toutes les maladies qui sont au-dedans du globe de l'œil.

Maniére de préparer l'Eau pour les playes, & pour les ulcéres invétérés d'Helvetius.

Prenez quarante-huit grains de la pierre bleue réduite en poudre, que vous jetterez dans un demi-septier d'eau de Fontaine mêlée avec deux cuillerées d'eau-de-vie, ou d'eau d'arquebusade. Mettez le tout dans une bouteille de verre bien bouchée, & la remuez de temps-en-temps jusqu'à ce que la poudre soit fondue.

Cette eau est très-utile contre toutes sortes de playes de coups de feu ou de fer, qui auront dégénéré en ulcéres, aussi bien que contre les vieux ulcéres caverneux, & fistuleux, & contre les cancers ouverts. On ne s'en servira qu'après avoir fait une incision convenable, & ouvert les sinus pour emporter, & faire suppurer les callosités & les chairs fongueuses, qui entretenoient l'écoulement purulent de la fistule. Cette eau convient aussi aux ulcéres superficiels des jambes, pourvû qu'on ait soin de les laver souvent. Si cette eau ne faisoit point assez d'effet, & si elle étoit trop foible, on augmentera la dose de la pierre bleue.

Avant que de penser l'ulcére, il faut l'étuver avec cette eau dégourdie ; s'il est profond, & qu'il s'y trouve plusieurs trous ou sinus, on les seringuera avec la même eau plusieurs fois de suite. On y mettra des plumasseaux trempés de cette eau ; & lorsque toutes les sinuosités ne se rempliront pas, on les réduira à une seule, si cela se peut : on pensera de même les abcès qui se formeront dans les oreilles, les polipes naissans dans le nez, & les écrouelles ouvertes, & on couvrira la playe d'un plumasseau trempé dans ladite eau, appliquant par-dessus une compresse convenable.

S'il arrive des playes à certains sujets, dont la masse du sang se trouve altérée par quelque levain vérolique, on aura recours à l'usage de la panacée mercurielle, & à la ptisanne sudorifique.

Maniére de préparer l'Eau pour les Hémorragies d'Helvétius.

Prenez un demi-septi. d'eau de Fontaine, ou de Riviére, dans laquelle vous jetterez depuis deux gros jusqu'à trois gros de la pierre bleuë, selon que vous aurez besoin de rendre l'eau plus ou moins stiptique.

Elle fera son effet dans les hémorragies légéres, qui proviennent de la rupture, ou de l'ouverture de vaisseaux peu considérables. Alors on la fera entrer dans la playe, observant ensuite de mettre dessus un plumasseau, & une compresse trempée dans l'eau stiptique.

Mais si l'hémorragie est causée par l'ouverture de quelque gros vaisseau, on y appliquera la pierre en poudre, de la même maniére qu'on applique un bouton de vitriol. Si cela ne réussit pas, il faut qu'un habile Chirurgien fasse une incision assez profonde pour découvrir le vaisseau dont il fera la ligature; mais si le vaisseau ne peut se découvrir après l'incision faite, il sera obligé d'y faire un point d'appui, avec des compresses graduées qu'il soutiendra par un bandage. L'usage de cette pierre ne causera point de douleurs aussi vives que les stiptiques ordinaires.

A l'égard des différentes maniéres de penser, on consultera ce qui a été marqué dans l'usage de l'infusion de la boule médicamenteuse.

Lorsqu'il y aura une trop grande déperdition de substance, & que la circonférence de la cicatrice commencera à s'endurcir, on cessera l'usage de ce reméde, pour employer pendant quelques jours le baume d'Arcéus, ou autre baume humectant. Quand l'os sera carié, on évitera d'employer ce remède, parce que ses pointes acides pénétrant les parties de l'os non-cariées, causeroient une nouvelle altération, & retarderoient la guérison.

Lorsque la carie de l'os sera superficielle, on se servira de l'huile fœtide de tartre ou de gayac, ou autre. Si au contraire elle est profonde, on employera le cautére actuel pour emporter tout ce qui seroit altéré, & pour corriger en même temps les levains âcres de la partie; mais si l'os est couvert de chairs fongueuses, on le ruginera, & le lendemain on appliquera le cautére actuel.

Si on est à portée de trouver un habile Chirurgien, je conseille d'avoir recours à lui, pour appliquer le feu actuel sur l'os, & pour procurer plus promptement l'exfoliation de la portion altérée. Il agira en ces occasions suivant ses lumiéres & sa prudence. La playe qui restera, pourra être pansée avec cette eau, ou avec l'infusion médicamenteuse.

Sucer les playes pour les guérir.

Je parlerai ici de la maniére de guérir les playes récentes en les suçant: elle se pratique souvent dans les Armées, & n'est point blâmable dans toutes ses circonstances. On n'y peut condamner que des cérémonies observées par gens qui les croyent essentielles, quoiqu'en effet elles soient plutôt superstitieuses qu'utiles.

On suce d'abord la playe pour faire sortir le sang, & la sérosité extravasée, & cette opération réussit beaucoup mieux dans les playes des extrémités du corps, & dans celles qui portent du bas en haut, que dans celles qui tendent de haut en bas, & dans celles qui pénétrent dans les capacités. A l'égard des derniéres, les parties de dedans se présentant à l'entrée de la playe, la bouchent d'une maniére à empêcher l'effet du sucement, ce qui arrive encore plus fréquemment au bas-ventre qu'à la poitrine. Quand le sang est épanché dans les capacités, ce reméde ne peut être d'aucune utilité, l'expérience le fait voir tous les jours.

Ce n'est pas-là les seules occasions où cette méthode ne convient point ; il faut prendre garde de s'en servir, quand il y a quelque vaisseau considérable ouvert dans quelqu'une des capacités ; car comme on ne peut sucer sans mettre la liqueur en mouvement, on lui donne lieu de sortir jusqu'à la derniére goute, parce qu'on lui fournit un vuide qui la fait épancher.

Quand le coup perce quelqu'un des intestins, il est souvent nuisible de sucer ; car outre qu'on peut désunir les membranes déja réunies en parties, on tire quelquefois jusqu'à la matiére fécale, que l'Opérateur laisse toujours en chemin, parce qu'elle a plus de peine à suivre le mouvement qui lui est communiqué, que n'en a le sang qui est liquide, cela ne peut arriver que la présence de cette matiére n'empeche & l'union des parties, & ne cause par son séjour des abcès très-fâcheux.

Lorsque cette opération aura lieu, on rapprochera, après l'avoir faite, les bords de la playe avec un emplâtre, pour en tenter la réunion. Au reste rien n'est plus simple que la même opération, rien n'est plus convenable à la guérison des playes récentes; c'est de quoi l'on conviendra, si l'on fait attention aux accidens dont elles sont accompagnées. La douleur, l'inflammation, la supuration, & l'ulcére qui y surviennent ordinairement, sont causées par l'épanchement du sang qui s'arrête dans les parties, & qui fermente dans la suite. Sur ce principe, il est certain qu'on ne peut prévenir ces accidens, qu'en vuidant le sang extravasé, & en rapprochant les parties qui ont été séparées par un instrument tranchant, c'est à quoi l'on réussit en suçant les playes; de sorte qu'elles se guérissent parfaitement en vingt quatre heures, lorsqu'on le fait à propos, & avec adresse dans les cas particuliers ci-dessus exprimés ; car pour lors le suc nourricier, qui se distribue dans la partie, est un baume excellent, qui réunit promptement les bords, lesquels ont été séparés par la pointe, ou le tranchant de l'épée. Mais si l'on suce imparfaitement, s'il reste du sang épanché dans la partie, cette méthode, bien loin d'être utile, devient très-pernicieuse, parce que ce sang ne pouvant plus s'écouler par l'ouverture de la playe, se change en pus, creuse & forme dans la partie un abcès, qu'on ne peut guérir dans la suite qu'avec beaucoup de difficulté.

Il seroit donc à souhaiter que cette opération ne se fît que par le conseil de Chirurgiens habiles, qui préviendroient facilement les inconvéniens dont elle peut être suivie. Instruits par leur art, ils ne feroient pas sucer indifféremment toutes sortes de playes, ainsi que ceux qui n'ont aucune teinture de la Chirurgie. Il arrive souvent que ces derniers guérissent les dehors ; mais le sang renfermé au-dedans de la playe, ne manque pas dans le temps de causer au malade des oppressions de poitrine, la fiévre, & autres accidens qui sont différens, selon le lieu de l'épanchement ; de sorte qu'il en faut venir à une empiême, ou à l'ouverture du bas-ventre, pour donner issue à l'épanchement, opérations, qui souvent ne réussissent pas pour avoir été faites trop tard.

J'ai vû en Allemagne des Seringues pour sucer les playes : ce qui évite l'inconvénient d'une bouche qui ne seroit pas assez propre.

Maniére de distiller le soufre pour s'en servir en diverses maladies, tant intérieures qu'extérieures. Fioraventi.

Le soufre est une matiére ignée, aride & séche, il semble à plusieurs qu'il seroit impossible de le pouvoir distiller, & en tirer quelque humidité. Mais celui qui entend l'art du feu tireroit de l'eau du soufre, quoique ce soit une matiére très-séche comme on le peut faire de tous les autres minéraux par la distillation. Ainsi en voulant distiller le soufre seul sans autre, il n'y a rien qui le puisse mieux disposer à la distillation que le feu même, en le brûlant ; voulant donc tirer l'huile du soufre, il est besoin d'avoir une grande campane de verre, ou de terre bien plombée, qui soit faite de la même façon que les Chapelles de plomb à distiller eau rose, & la mettre dessus deux pierres, de façon qu'il y ait espace dessous, & au milieu mettre un petit pot avec le soufre fondu, & le mettre tant haut qu'il touche presque le verre ou peu moins, & y metſte le feu dedans, & incontinent il commencera à diſtiller une huile rouge, obſcure, laquelle veut être gardée en un vaiſſeau de verre. Ce médicament-ci eſt un de ceux qui ſi long-temps ont été cachés, lequel eſt de telle puiſſance & de ſi grande vertu, que perſonne ne le pourroit croire, s'il ne voyoit les effets merveilleux qu'il fait. Quant à moi je ne ſçaurois dire à quoi cette liqueur-ci ne ſçauroit ſervir, parce qu'en toutes les choſes où je l'ai appliquée, j'en ai vû des miracles, principalement en le donnant par la bouche avec toutes ſortes d'eaux & de ſyrops: car il ſe peut donner librement, & ſa doſe eſt de quatre grains juſqu'à ſix & pas plus. Il ſe peut accompagner avec tous électuaires & pilules qui feront toujours plus de profit au malade qui les prendra, qu'ils ne feroient ſans y en avoir. Tellement que je ne m'étendrai pas davantage à raconter ſes vertus. Il eſt bon à toutes maladies tant chaudes que froides. Et ſi quelqu'un ne me veut pas croire qu'il en faſſe l'épreuve & il trouvera encore plus que je ne dis. Mais il eſt toujours néceſſaire d'éprouver pour qui veut apprendre quelque choſe de bon; que chacun donc ſe travaille à faire les expériences, & il trouvera de quelle autorité & vertu eſt l'huile ſuſdite de ſoufre que nous avons tant de fois fait & expérimenté.

Pour faire l'Eau Royale fort utile & rare en plusieurs cas qui arrivent. De Fiorav.

L'Eau Royale est ainsi dite pour être Reine & quasi souveraine sur toutes les autres eaux, parce qu'elle fait ses opérations soudaines, légéres & sans ennui : car ayant fait cette eau ici plusieurs fois, & l'ayant expérimentée même, je ne lui ai sçû donner de nom plus convenable que d'Eau Royale. Or le moyen de faire ladite Eau est que vous preniez

Soufre jaune.
Alun de Roche. } De chacun deux livres.
Sel gemme.
Borax, deux onces,

Mettez ensemble & pilez le tout en un mortier, & mettez cette poudre dedans une cucurbite avec alambic & récipient, & le distillez suivant l'art.

A la fin lui donnant le fort feu tant que toute l'humidité en sorte & l'eau vienne blanche & trouble, laquelle se doit couler par une piéce de toile bien déliée, & mettre dedans une bouteille de verre, y ajoutant quatre grains de musc détrempé avec demi-once d'eau-rose, laissez le tout reposer & rasseoir, & l'eau deviendra très-claire, & de suave odeur. Voila l'ordre de faire cette précieuse eau, par lequel vous voyez avec quelle facilité, elle se fait en peu de temps & à peu de frais, de maniére que chacun en pourra faire à son plaisir, sans l'aller chercher chez les Philosophes qui la vendent, avec telle réputation qu'ils tiennent son nom, ses vertus & toutes autres qualités secrettes, comme si c'étoit un trésor: combien que je confesse que ses vertus soient très-grandes & dignes d'être estimées & recommandées de tous pour le bien public. Je veux donc enseigner le moyen de pratiquer cette eau ici, à quelles maladies elle sert, principalement ès choses où j'en ai éprouvé & vû l'expérience: & qui en voudra sçavoir plus avant, en fasse nouvelle expérience comme j'ai fait tant & tant de fois. Mais pour retourner à notre propos, je dis que la premiére vertu que j'assigne à cette Eau Royale est telle qu'elle ôte la douleur de toutes sortes de playes, si on l'en lave toute. La seconde est de grande efficace pour la douleur des dents, ou gencives gatées, & pour toutes les sortes de maladies qui arrivent à la bouche, si on en tient un peu dedans la bouche autant que l'on pourroit demeurer à dire un Credo, & puis la jetter dehors;

elle guérit miraculeusement telles maladies. La troisiéme vertu est que se frottant les dents avec une piéce trempée dans ladite eau, les rendra fort blanches, chose fort délectable, tant aux hommes qu'aux femmes. La quatriéme vertu est, qu'en donnant un demi-scrupule par la bouche avec du bouillon, à ceux qui ont la fiévre, elle leur aide merveilleusement. Des quatre vertus que j'assigne à cette eau, j'en ai fait mille expériences, je les approuve pour chose vraye, & croi qu'elle a une infinité d'autres grandes vertus que je ne sçai pas: mais si quelqu'autre les vouloit sçavoir qu'il se mette à en faire l'expérience comme j'ai fait, par avanture il trouvera son intention sans grand travail. Voilà tout ce que je vous dirai en ce Chapitre de l'Eau Royale.

Huile de Soufre.

Prenez des fleurs de soufre sublimées autant que vous voudrez, mettez-les dans un verre, & versez dessus de l'esprit de térébentine, quantité suffisante pour le dissoudre à une douce chaleur: cet esprit viendra rouge comme du sang. Versez dessus de très-bon esprit de vin, jusqu'à l'éminence de trois doigts: laissez-le ainsi à douce chaleur; l'esprit de vin se teindra; versez ensuite par inclination l'esprit de vin teint, & en remettez d'autre : réïtérez jusqu'à ce que l'esprit de vin ne se teigne plus ; distillez cet esprit de vin au bain pour le séparer de la teinture qui reste au fond du verre, que vous ôterez du bain, & distillez sur le sable. Ajoutez y un autre récipient, fortifiez le feu, & l'essence de soufre rouge comme du sang viendra, qui est un noble médicament, sans dégoût, & différent des médicamens chymiques vulgaires. *De Saulx.*

Electuaire de Soufre magistral utile à plusieurs sortes de maladies.

Autant que je puis considérer, je pense que le soufre est ici-bas en terre le même élément du feu, pour le vrai si semblable au feu qu'il ne le peut toucher qu'il ne s'allume. D'autre part je le vois de nature si sec, que l'eau même ne le peut humecter. Et comme le feu a vertu de réchauffer & de dessécher les choses matérielles, aussi le soufre a vertu d'échauffer & dessécher l'humidité & froideur du corps. Je l'ai expérimenté assez de fois, & toujours ai vû de lui plusieurs & bons effets, mais pour le rendre plus commode & facile à user, j'ai voulu composer cet électuaire, duquel on peut user avec grande facilité & profit de ceux qui l'useront ainsi qu'il s'ensuit.

Prenez soufre bien net & sans terrestrité bien mis en poudre, une livre. Canelle, quatre dragmes. Safran, un scrupule. Gingembre, deux dragmes. Musc blanc crud, autant qu'il en faut pour faire électuaire.

Incorporez le tout sans feu. Il le faut garder en lieu sec. On le prend le matin à jeun de quatre jusqu'à sept dragmes. Outre les vertus susdites, il desséche la galle, fait uriner, brise la pierre des reins, guérit la toux, desséche les larmes des yeux, & excite l'appetit. En un mot, il fait une infinité d'autres opérations merveilleuses & dignes ; mais je ne m'étendrai pas au long à les raconter, car l'expérience d'elle-même les manifestera assez.

Huile de Naphte, c'est-à-dire, de Soufre, laquelle est incombustible, incensive & clarificative des esprits.

Prenez Naphte, c'est-à-dire, soufre citrin ou vif une partie, sel armoniac cinq parties, triturez ces deux & mêlés. Puis ajoûtez-leur bien peu d'huile commune, & détrempée en façon de bouillie ou sauce épaisse, puis mettez dans une courge, ainsi à petit feu distillera une liqueur de grande vertu à plusieurs choses : après que la première distillation sera achevée, ajoûtez cinq parties de sel commun, chaux-vive autant, faites encore une mixtion comme bouillie, distillez, réïtérez cela quatre fois, & à chaque fois, éprouvez avec la chandelle ou autrement jusqu'à ce qu'elle ne brûle point. Car avec cette huile de Naphte, le mercure sublimé est inséré, & l'arsenic aussi sublimé est inséré, ou bien incorporé & rendu clair, étant de grande vertu pour le blanc.

Trois descriptions d'huile de Soufre odorante & potable, du Livre Italien des remédes de Fallop.

Cette huile guérit quasi toute sorte de maladies rebelles & malignes : mettez du soufre grossiérement pulvérisé dans un pot de terre, par-dessus lequel d'intervalle environ deux ou trois doigts, pendez une petite campane ou chapiteau ayant grand bec, accommodez à cette campane le vaisseau recevant, qui ait de l'eau-rose, où soit dissout quelque peu de musc : ces choses parachevées, allumez le soufre, la fumée sera reçûë au chapiteau : mais avant que le soufre distille dans la partie intérieure du chapiteau, s'amassera comme une tunique ou petite peau, (car autrement rien ne distilleroit que premiérement cette petite peau ne fût amassée intérieurement) en ajoûtant toujours un peu de soufre, sitôt que le premier ſera conſumé Cette huile ainſi diſtillée eſt agréable, odorante, & fort aigre au goût. Et afin qu'elle ſoit potable, & puiſſe être priſe par la bouche, faites un julep de miel à la même façon que le feriez de ſucre, dans lequel mettez autant d'huile de ſoufre qu'il ſera néceſſaire, de maniére qu'il n'ait pas trop d'acidité : par ce breuvage on provoque les ſueurs & urines, on digére toutes les mauvaiſes humeurs de l'eſtomac, on guérit toute ſorte de ſiévres qui commencent par le froid, on diſſout les calculs des reins, on deſſéche toute ſorte d'ulcéres, ſi vous les baſſinez de cette huile, parce qu'elle échauffe & deſſéche de ſa propre nature. J'ai trouvé par certaine & bien aſſurée expérience, que l'huile de ſoufre préparée de cette façon, fait toutes les opérations ſuſdites.

Autre huile de Soufre.

Le même Fallop décrit une autre maniére d'huile de ſoufre faite par diſtillation en vaiſſeaux bien luttés, & leurs jointures bien bouchées, mais à petit feu pour le commencement, puis augmentez-le peu-à-peu : cette huile ainſi diſtillée, eſt de grande vertu, premiérement elle pouſſe hors à la ſuperficie du corps tous abcès intérieurs, ſi l'on en prend au matin une dragme plus ou moins ſelon la néceſſité

avec

avec bouillon ou vin ou ſemblable liqueur, elle eſt ſinguliére contre l'aſthme, la toux, & catarre, mauvaiſes diſpoſitions du foye, & toute ſorte de gratelle, mais principalement contre la peſte. C'eſt le tréſor des playes & des ulcéres.

Autre huile de Soufre, priſe d'un Livre de remédes écrits à la main, traduit d'Italien.

L'huile de ſoufre eſt préparée facilement, & bientôt avec la campane de verre, mais la meilleure & la plus parfaite maniére eſt celle-ci : pulvériſez le ſoufre ſubtilement, pulvériſez autant de cailloux : mélez les deux enſemble & les mettez dans la retorte, à laquelle ſoit attaché un récipient aſſez grand : en deux jours vous diſtillerez à petit feu l'eſprit de ſoufre, que les Italiens appellent huile : l'on y ajoûte cailloux pulvériſés, afin que le ſoufre ne monte point, & qu'il envoye plutôt ſes vapeurs en haut. Il a les mêmes vertus que nous avons récitées ci-deſſus, ſinon que nous avons obſervé cette diverſité en bien peu : elle eſt ſinguliére ès playes, ſi elles ſont lavées avec décoction de feuilles de chêne réduites en poudre, pimpernelle, aigremoine, conſoulde grande, mille-pertuis, toutes ces choſes bien broyées & cuittes en vin, mêlant parmi la décoction clarifiée bien peu de cette huile, ou pour le moins autant qu'il sera besoin pour la grandeur de la playe. Si de cette décoction vous lavez la playe récente, ou l'ulcére invétéré, soudainement il sera guéri. En la maladie de Naples après une suffisante purgation, cette huile est bonne à la maniére susdite. Toutes ces choses & les autres ont été, dit-on, expérimentées par le Médecin de l'Empereur à Bologne, & par un autre à Rome.

Purification de l'Or.

Faites fondre une partie d'or avec quatre parties d'antimoine, & lorsqu'il est au feu, jettez-y une once de nitre sec, & trois dragmes de limaille de Mars; laissez-le ainsi en pleine fusion pendant une demi-heure. Jettez ensuite votre matiére dans un cornet à régule, chauffé & graissé. Réïtérez trois fois cette opération, & l'or sera très-pur. Il faut refondre les scories avec deux parties d'antimoine, pour en séparer l'or qui pourroit y être resté.

Pour départir l'Or sans eau-forte, inquart, ni coupelle.

Vous prendrez une once d'or qui sera mêlé avec d'autres métaux; fondez-le en un creuset. Etant fondu, jettez dessus son double poids de plomb. Quand le tout sera en parfaite fusion, jettez dessus à diverses reprises la poudre marquée ci-après, remuant avec une verge de fer, & faisant tel feu que vous jugerez à propos pour chasser les impuretés. Ce qui étant fait, vous trouverez votre or pur au fond du creuset. S'il y avoit de l'argent il restera dans les scories, que vous mettrez en poudre impalpable & ferez fondre en creuset, y jettant dessus du sel de tartre en poudre, ce qu'il en faudra, lequel étant évaporé, votre argent restera net au fond du creuset.

Poudre mentionnée ci-dessus.

Prenez du sel armoniac, du soufre & du tartre. Broyez bien le tout, & mêlez en pareille quantité, & en projettez sur l'or le double poids de la matiere que vous départez.

Or calciné.

Prenez une once d'or en feuillet ou en fine limaille, que vous amalgamerez avec quatre onces de mercure: purifiez bien l'amalgame, la broyant avec sel de tartre & vinaigre distillé. Desséchez bien l'amalgame & le mettez dans une retorte de verre bien luttée; donnez le feu par dégrés, & votre mercure tombera dans un récipient à moitié plein d'eau, que vous ne lutterez pas néanmoins exactement. Quand tout sera passé, retirez l'or & l'ayant mis dans une cucurbite, versez dessus de bon vinaigre distillé à l'éminence de trois ou quatre doigts, & le laissez en digestion au sable, jusqu'à ce que sur le vinaigre il s'éléve une pellicule ou liqueur oléagineuse, que vous ramasserez soigneusement avec une cuillére de verre ou d'argent, ce qu'il faut continuer tant qu'il ne s'éléve plus rien au-dessus de l'or. Et vous aurez une quinte essence d'or excellente, dont on peut se servir dans toutes les maladies avec un heureux succès, en la circulant néanmoins avec d'excellent esprit de vin.

Or calciné & réduit en éponge.

Faites dissoudre de l'or dans de bonne eau régale sur du sable chaud. Quand l'or sera dissout versez la dissolution dans un autre vaisseau, afin d'en séparer une chaux blanche qui reste au fond de la dissolution. Affoiblissez cette eau régale par quatre fois son poids d'eau commune. Mettez-y quatre fois autant de mercure coulant qu'il y a d'or, faites bouillir le tout sur le sable. Lorsque le mercure sera dissout, l'or se précipitera au fond de la cucurbite en chaux spongieuse. Vuidez le dissolvant par inclination; édulcorez votre chaux d'or par plusieurs lotions d'eau chaude. On prétend que c'est ici la meilleure maniére de purifier l'or.

Autrement.

Faites dissoudre une once d'or dans de bonne eau régale. Dissolvez en même temps en un autre vaisseau, huit onces de mercure dans de l'eau-forte commune. Mêlez les deux dissolutions sur un feu doux, & en peu d'heures vous verrez que l'or se détachera du dissolvant, & nagera sur l'eau comme un éponge, vous le laverez bien & le sécherez; & pour le perfectionner encore davantage, vous pouvez broyer & triturer plusieurs fois avec des fleurs de soufre que vous allumerez, & votre or sera en poudre impalpable.

Autre calcination de l'Or.

Vous prendrez une once d'or que vous amalgamerez avec six onces de mercure tiré du cinabre, vous broyerez & purifierez bien l'amalgame avec sel de tartre & vinaigre distillé, tant qu'il ne sorte plus d'impuretés. Mettez cet amalgame dans une livre d'eau-forte que vous placerez sur un feu doux de cendres. Le mercure se dissoudra dans l'eau-forte, & l'or tombera au fond en poudre impalpable. Vous ferez bouillir cette poudre dans du vinaigre distillé, puis dans de l'eau claire pendant six heures, & renouvellez d'eau chaude tant que vous ayiez retiré tout les sels de l'eau-forte.

Vous prendrez ensuite votre or en poudre que vous broyerez avec trois fois son poids du sel préparé que mettrez dans un creuset bien ouvert, & mettrez vingt-quatre heures à feu très-forts de charbon, & l'or sera bien calciné.

Dissolution de l'Or.

L'or se dissout par le moyen de l'esprit de sel acué de l'esprit de nitre. L'on se sert ensuite de l'esprit de vin tartarisé, on édulcore, on en fait l'extrait avec l'esprit de sel dulcifié par l'esprit de vin. On évapore, & enfin par la digestion l'esprit de vin se charge d'une teinture rouge comme du sang, on la filtre & on l'évapore jusqu'à siccité par la chaleur du bain; il reste une teinture sulfureuse d'or comme sang caillé; on la digére trente ou quarante jours, c'est le vrai soufre d'or, que Basile Valentin nomme manteau de pourpre. *De Saulx.*

Dissolution de l'Or sans acide.

Prenez un mortier de verre, dans lequel vous mettrez de l'or en poudre, que vous arroserez avec de l'eau commune très-claire, & vous broyerez avec un pilon de verre en arrosant de temps-en-temps la matiére. Continuez tant que tout paroisse dissout. L'eau sera dorée, que filtrerez & ferez évaporer à feu doux, jusqu'à consistance d'huile. Je crois que prise intérieurement dans la quantité d'une goute ou deux, elle peut produire les effets attribués à l'or potable.

Si vous desséchez entiérement votre matiére, très-peu se réduira en corps, & le reste se vitrifiera. Cette dissolution qui tire son principe d'un sçavant Allemand, a été pratiquée parmi nous par M. le Comte de la Garraye, qui l'a mise en pratique avec quelque succès.

Or potable par l'eau pure.

Vous aurez de l'or limé le plus fin que faire se pourra, mettez-le dans un mortier de marbre noir, de porphyre ou de verre. Versez dessus de l'eau de citerne ou de pluye bien clarifiée, la valeur d'une cuillére à bouche pour chaque gros d'or en limaille ; vous le broyerez bien avec un pilon de verre, de marbre ou de buis, & quand l'eau sera chargée de couleur aurifique, versez-la par inclination dans un vaisseau de verre. Continuez à mettre de l'eau, toujours dans la même proportion, que vous changerez & vuiderez, la joignant avec la premiére dès qu'elle sera chargée de couleur.

Prenez toutes vos eaux teintes, & les filtrez par le papier gris, puis évaporez votre eau filtrée dans un vaisseau de verre sur cendres chaudes ou à la vapeur du bain, & il vous restera une liqueur épaisse. Faites dissoudre derechef cette liqueur dans de pareille eau, broyant comme devant, filtrez & évaporez de même, jusqu'à ce qu'il ne se fasse plus de féces dans le filtre: ce qui arrivera la dixiéme fois, & l'or sera pour lors dissout radicalement.

Si vous voulez vous en servir pour or potable, versez sur cette liqueur épaisse de l'esprit de vin bien déflegmé, & circulez dans un Pellican ou dans un matras fermé par un vaisseau de rencontre. Si vous voulez avoir votre or en huile sans addition, distillez votre esprit de vin sur les cendres chaudes, & quand il sera sorti, il viendra une huile très-rouge. Je tiens cette préparation de M. Garnot Liégeois.

Teinture d'Or.

Prenez demi-dragme d'or dissout dans deux onces d'eau régale; versez sur cette dissolution une once d'huile essentielle de genièvre. Cette huile prend une couleur jaune, & l'on sépare le menstrue décoloré; c'est-à-dire, l'eau régale, par l'entonnoir. On verse ensuite sur cette huile de l'esprit de vin qui l'étend. On laisse ces deux matiéres en digestion douces pendant un mois ou deux, & pendant ce temps-là l'esprit de vin se teint en jaune, puis en rouge.

Cette teinture qui est sudorifique, se donne depuis six jusqu'à vingt goutes dans une liqueur convenable.

Crystaux d'Or & d'Argent.

Faites dissoudre ces deux métaux l'un dans l'eau régale, & le second dans l'eau-forte. Faites évaporer la moitié du dissolvant; & sur le reste versez goute-à-goute quelque peu d'esprit de vin. Sans ce secours, l'or dissous dans l'eau régale, a bien de la peine à se crystalliser. On le met ensuite dans un lieu froid, & il donne des crystaux transparens, qu'on met ensuite dans le vinaigre distillé; après quoi on peut les dissoudre dans l'eau de pluye distillée, & enfin dans l'esprit de vin, & par ces dissolutions & distillations réitérées, il se purifie très-bien. *Rothe.*

TRAITÉ

De la composition du Soufre & du menstrue végétable.

Ou l'Or potable, suivant la pratique de Raymond Lulle donné en 1545, à un Seigneur François, par le Médecin la Brosse. Théâtr. Chymiq. Tom. VI, pag. 288.

OPERATION.

PRENEZ le meilleur vin rouge que vous pourrez trouver, mais qui ne ſoit pas trop fort en couleur, & qui ne ſoit ni aigre, ni gâté; mettez-le putréfier au bain ou au fumier de Cheval, pendant huit ou dix jours, afin que les eſprits commencent à ſe déveloper. Raymond Lulle marque néanmoins dans ſa *lumiére des Mercures*, de le faire putréfier pendant vingt jours. Je l'ai fait des deux maniéres, qui m'ont paru également bonnes. Sans cette putréfaction, la diſſolution non plus que la corruption ne ſçauroit être parfaite; ainſi point de nouvelle génération.

Après quoi diſtillez & rectifiez votre eau-de-vie, de maniére qu'il n'y reſte aucun flegme. Vous tirerez ce flegme à part & le conſerverez : il vous reſtera au fond de votre diſtillation, une matiére auſſi épaiſſe que du miel. Vous remettrez deſſus une partie du flegme que vous en avez tiré, vous en retirerez un quart ou environ par l'alambic, vous digérerez pendant deux jours le reſtant qui doit venir en huile chargée de teinture; vous la verſerez par inclination & remettrez ſur votre matiére d'autre flegme que vous digérerez de même;& dès qu'il ſera coloré, vous le vuiderez de la même maniére ; & quand le flegme ne tirera plus de teinture, vous trouverez dans la cucurbite une matiére noire, que Raymond Lulle nomme le noir, plus noir que le noir.

Sur cette terre, vous mettrez de votre eau de-vie diſtillée, la hauteur de deux travers de doigts au-deſſus de la matiére ; & vous la ferez digérer quelques jours, vous la vuiderez doucement, & vous verſerez trois fois de nouvelle eau-de-vie ſur la même matiére, pour en tirer l'ame qui eſt inviſible. Conſervez cette eau en un vaiſſeau de verre bien bouché. Après quoi vous dépoſerez cette terre en un matras bien bouché & ſcellé, de maniére que rien ne puiſſe tranſpirer, vous poſerez ce matras à feu de cendres pendant dix jours, pour bien deſſécher & calciner votre matiére.

Prenez votre flegme réservé, que vous verserez en une cucurbite avec votre terre calcinée, & vous les mêlerez bien. Faites la bouillir pendant six heures, laissez-la clarifier, & versez le clair par inclination, ce que vous répéterez trois fois avec de nouveaux flegmes, & au fond de la cucurbite restera une terre damnée, *terra damnata*, filtrez vos flegmes & les faites distiller lentement au bain, & le sel vous restera d'une blancheur de neiges.

Il faut observer que Raymond Lulle prétend que quand la terre est calcinée, quoiqu'impure, on doit y joindre son ame qui se trouve infuse dans l'esprit de vin ci-dessus; même avant que de tirer l'ame de cette terre damnée, ce qu'il pratiquoit, afin de pouvoir sublimer ensemble l'ame avec sa terre. Je l'ai fait des deux maniéres, mais j'ai crû devoir préférer mon opération à celle de Raymond Lulle; j'en ai tiré une plus grande quantité de sel, & qui même est beaucoup meilleur. Cependant l'une & l'autre méthode est bonne.

Prenez maintenant cette terre qui est épurée, & la mettez dans une cucurbite avec l'eau-de-vie animée ci-dessus, vous l'y mettrez toute ou du moins la moitié, & vous la distillerez à feu très-lent, & par là le sel s'unit avec l'ame, & par cette partie de l'opération, votre terre devient animée. Après quoi vous prendrez trois livres de nouvel esprit de vin qui n'ait pas encore servi, & vous l'insinuerez dans une cornuë avec trois onces de votre sel animé, & après avoir bien lutté la cornuë, vous la distillerez à un feu modéré, & vous aurez en même temps le corps, l'ame & l'esprit. Mais si à la fin de votre opération il restoit au fond de la cornuë quelque partie de votre terre, il faudra y verser de nouvel esprit de vin, à proportion de la terre qui vous reste; car l'esprit ne reçoit pas plus de terre que ce qu'il peut enlever avec soi dans la distillation.

Cette eau s'appelle la *quinte-essence végétable*; & sert de menstrue pour la conservation des natures humaine & métallique; c'est ce dissolvant glorieux qui dissout l'or & lui communique toute sa perfection, qu'il tire tant de cet esprit que de son sel dissous, liquefié & même exalté dans cette quinte-essence. C'est par ce moyen que nous achevons nos opérations. C'est ce qui a fait dire à Guillaume de Paris excellent Philosophe, que la femme dissolvoit son mari, & que le mari fixoit sa femme, parce que par une analogie tirée de la conjonction de l'homme & de la femme, cette quinte-essence végétable faisoit la dissolution de l'or, de même par un retour réciproque ; l'or, quoique dissous, fixoit le corps de cette quinte-essence, qui devient ensuite inutile à toute autre chose.

Les Philosophes sçavent que l'or est le feu le plus puissant que l'on connoisse, qui ne sçauroit être surmonté par aucun autre feu ; Il a même la force de fixer tous les autres métaux, parce que le fixe a seul pouvoir de fixer. Il est donc certain que sans notre quinte-essence, on ne sçauroit arriver a rien de parfait, tant pour la conservation du corps humain, que pour la transmutation des métaux. On voit par là que tous ceux qui employent des eaux fortes & d'autres corrosifs, loin de faire quelque chose de bon & de louable, ne font que montrer leur ignorance ; c'est ce qui a fait dire à Raymond Lulle, à Arnauld de Villeneuve, à Albert le Grand, & aux autres Grands Maîtres en cet art, que la véritable dissolution ne sçauroit se faire par ces eaux violentes & corrosives, qui ne sont pas conformes à la nature.

Il nous faut parler maintenant de la calcination de l'or, que sa composition dure, serrée & compacte empêche d'être dissout à moins qu'il ne soit auparavant calciné & réduit en parties subtiles &

presque imperceptibles. C'est par conséquent une opération nécessaire dans laquelle nous suivrons principalement Raymond Lulle, qui la fait d'une maniére naturelle & sans corrosifs.

Calcination de l'Or suivant Raymond Lulle & Aristote le Chymiste.

Prenez de l'or de miniére, tel pourroit être celui des Ducats ; & pour le rendre encore plus pur, faites le passer par le ciment * royal. C'est ce que Raymond Lulle appelle l'or de Dieu, en quoi il veut marquer son excellence ; mais il ne faut pas employer l'or factice ou des Philosophes, parce qu'il a été fait par des corrosifs ; par là il paroît exclure tout or travaillé par les sels ou autres matiéres minérales, quoiqu'ailleurs il semble dire le contraire. Pour plus de sureté, prenez donc de l'or de mines très-pur, & l'amalgamez avec six fois son poids de mercure, & deux fois autant de sel préparé ** que de mercure. Vous mettrez votre amalgame bien broyée & bien lavée dans un creuset, couvert d'un autre creuset

* Les Philosophes pour avoir cet or plus épuré, ordonnent de le faire passer trois fois par l'antimoine.

** On prépare le sel en le faisant fondre dans l'eau, le filtrant & le coagulant derechef.

percé au fond, & vous le placerez au feu de réverbére pendant vingt-quatre heures, & le mercure & le sel * s'évaporeront. Au bout des vingt-quatre heures, vous prendrez votre or calciné que vous broyerez avec le même poids de sel préparé qu'auparavant, ce que vous recommencerez jusqu'à six fois, autrement l'or ne seroit pas ou détruit ou du moins suffisamment ouvert. Après ces diverses opérations réïtérées, vous broyerez votre or dans un mortier de marbre ou de verre pour le réduire en poudre, & vous le mêlerez avec de son double poids de fleurs de soufre; vous le mettrez pareillement en un creuset sur des charbons ardans, pour le faire brûler & calciner. Cette calcination du soufre se doit répéter du moins trois fois pour réduire votre or en poudre impalpable; & vous le laverez avec le flegme de vin que vous aurez gardé de votre distillation. Vous le distillerez derechef, laverez, sécherez & mettrez en poudre.

Après cette calcination & pulvérisation, prenez une once de cette poudre aurifique, que vous mettrez dans un matras avec cinq onces de notre quinte-essence ci-dessus spécifiée, bouchez le matras & le

* Le sel qui est une matiére fixe, ne sçauroit s'évaporer, il se fera seulement quelque déperdition de sa substance, ou plutôt de son esprit.

mettez sur les cendres chaudes pour le faire bouillir, pendant vingt-quatre heures, puis au bain-marie pendant une nuit, après quoi versez par inclination ce qui a pris teinture, réïtérez cette infusion de la quinte-essence sur la poudre d'or, tant qu'elle en tirera la teinture, par là on prend l'ame de l'or. Vous mettrez toute votre quinte-essence colorée dans un alambic au bain-marie, & vous en distillerez une partie; & vous calcinerez l'ame de votre or pendant quarante jours, c'est le temps que marquent les Philosophes; d'autres le font en trente jours; pour moi je l'ai fait en vingt. Mais ce temps est au choix de l'Artiste, quoique les Philosophes disent que plus l'or est épuré, plus il est exalté.

Cette pierre ainsi préparée, est la seule qui puisse servir à la guérison des maladies & à la conservation du corps humain, au-lieu que celle qui est préparée par des minéraux, est corrosive, dangereuse dans l'usage & difficile à digerer. Il faut avouer cependant que pour la transmutation des métaux, la pierre faite par les corrosifs a plus de force que celle qui est faite par la quinte-essence végétable.

Mais pour revenir à notre opération; nous vous disons donc de prendre l'ame de l'or jointe avec notre quinte-essence, putréfiez-là au bain & la distillez, & vous trouverez au fond de la cucurbite votre or rouge, spiritualisé & d'une odeur très-agréable, dont vous pourrez user à votre volonté. Ainsi vous aurez l'or potable préparé suivant la maxime des Philosophes. Quant à la quinte-essence que vous en avez retirée, conservez-la précieusement pour votre usage: elle est d'une efficace admirable, & se trouve remplie de toutes les vertus de l'or.

Il est bon de remarquer après Raymond Lulle, que la quinte-essence n'acquiert une odeur agréable, que quand elle a été jointe à l'or.

Pour la terre qui reste de votre or, après en avoir tiré la teinture, mettez-la dans une cucurbite, & versez dessus de votre menstrue végétable qui ne vous a pas encore servi, mettez-le au bain de cendres, & le distillez & cohobez dix ou douze fois; desséchez-la & la mettez en un lieu frais pour la faire tomber en délit; & vous pourrez vous en servir pour la santé ou autrement.

Dissolution de l'Or.

Il me reste à dire quelque chose sur les dissolutions de l'or qui peuvent se faire par le moyen de cette quinte-essence végétable. Raymond Lulle dans son Traité de la Lumiére des mercures, rapporte une autre dissolution de l'or qui est très-parfaite, & par son opération toute la substance de l'or passe en teïnture, sans laisser aucune terre. Je l'ai faite & je l'ai trouvée véritable: & voici ce qu'il en dit. » Si » après la dixiéme distillation, vous mettez votre or préparé dans la susdite » quinte-essence, & qu'après avoir retiré » cette même quinte-essence, vous mettiez votre or en un lieu humide ou au » bain, il se dissoudra de lui-même en » quatre jours. Et c'est-là cet or potable » qui a tant de vertus, comme je l'ai » marqué dans mon Livre de la conser- » vation de la vie de l'homme. »

J'ai fait l'épreuve de ces deux sortes de dissolutions, & je les ai trouvées également bonnes. Et je puis assurer que leur force & leur efficace est si grande, que nul remède ne peut leur être comparé. Mais je crois devoir avertir que la dissolution de toute la substance de l'or, est beaucoup meilleure pour la transmutation des métaux, que l'extraction de son ame, telle que je l'ai enseignée ci-dessus; parce qu'après cette extraction faite, suivant notre méthode, il reste une terre, dans laquelle on trouve beaucoup d'esprit mercuriel de ce métal. On peut lire sur notre quinte-essence végétable & sur la dissolution de l'or, ce qu'en a écrit Raymond Lulle en son Livre des quinte-essences.

Pour corporiser le sel d'esprit de vin pour dissoudre l'or, & en tirer la teinture; par M. Duclos, Médecin de la Faculté de Paris.

Prenez de bon vin vieux, distillez-en l'esprit, puis tout le flegme, jusqu'à ce qu'il y demeure une substance noire & visqueuse. Prenez cette substance, & versez autant d'esprit de vin qu'il en faudra pour la dissoudre. Digérez pendant sept jours; puis distillez d'abord au bain-marie, jusqu'à ce que l'esprit de vin en soit sorti, & distillez ensuite au sable jusqu'à sécheresse, & il passera une huile ou esprit blanc comme lait, que Raymond Lulle nomme *aqua secunda*, que vous garderez à part bien bouché. Mettez derechef sur le *caput mortuum*, ce qu'il faut d'esprit de vin pour le dissoudre tout; digérez sept ou huit jours comme ci-devant, & mettez la liqueur blanche qui en sortira avec la précédente. Réïtérez cette solution, digestion & distillation du *caput mortuum*, tant qu'il ne vienne plus d'*aqua secunda*, ou esprit blanc, & que le *caput mortuum* reste fort sec; que vous ferez calciner floux ou trois jours entre deux pots de terre non vernis.

Vous prendrez la matiére calcinée que vous mettrez en une cucurbite, & vous l'imbiberez de la dixiéme partie de votre *aqua ſecunda*, & digérez deux ou trois jours : puis diſtillez la liqueur au bain-marie, & ce qui en ſortira ſera inſipide, ayant laiſſé toute ſa force dans le *caput mortuum*, ajoûtez-y de nouvelle *aqua ſecunda* pour l'imbiber, digérez & diſtillez comme ci-devant, ne mettant à chaque fois que le dixiéme au total de votre *aqua ſecunda*.

Mettez enſuite ſept parts de bon eſprit de vin ſur une de votre matiére ; digérez deux ou trois jours, puis diſtillez au bain-marie, & la liqueur paſſera inſipide. Imbibez de nouveau votre terre avec ſix parts de nouvel eſprit de vin, digérez deux ou trois jours & diſtillez. Réïtérez le même avec cinq parts d'eſprit de vin, puis avec quatre parts & continuerez l'imbibition, digeſtion & diſtillation avec les quatre parts tant que votre terre ou *caput mortuum* n'en veuille plus & que l'eſprit de vin en ſorte auſſi fort quand vous l'y avez mis. Faites ſublimer cette terre pendant deux jours, faiſant rougir le vaiſſeau ſur la fin ; & il ſe ſublimera un ſel très-pur & très-blanc, qui n'eſt autre que le ſel d'eſprit de vin.

Et comme tout ne ſera pas encore ſorti de cette terre, il faut de nouveau l'imbiber avec de bon eſprit de vin, tant qu'elle n'en veuille plus, & que l'eſprit de vin en ſorte avec ſa même force. Sublimez comme auparavant pour tirer le ſel; imbibez derechef juſqu'à ce que votre eſprit de vin ſorte également fort. Alors cette terre eſt inutile & vous la jetterez.

Prenez maintenant tous vos ſels ſublimés, & mettez deſſus trois fois leur poids de bon eſprit de vin, & les diſtillez enſemble. Tel eſt le grand menſtrue de Raymond Lulle, qui diſſout radicalement tous les métaux & l'or même, quand il eſt bien ouvert & calciné; & tire la teinture eſſentielle de tout.

Quand vous aurez extrait la teinture de l'or par ce menſtrue; faites bouillir quelque temps le corps qui vous reſtera dans de l'eſprit d'urine, & il ſe réſoudra en mercure coulant.

Cette opération demande du ſoin & de la patience; mais elle ſera utile de plus d'une maniére à qui ſçaura en profiter.

Pour faire l'Or potable.

Faites amalgame de l'or avec ſix fois ſon poids de mercure, broyez, triturez, purifiez bien l'amalgame avec ſel & vinaigre diſtillé pour en ôter les noirceurs.

Retirez par le cuir la moitié de votre mercure. Triturez le reste avec son pesant du total de fleurs de soufre, faites évaporer au creuset; & le soufre en brûlant enlevera le mercure & laissera l'or très-bien calciné. Et s'il est besoin recommencez le même procedé pour avoir l'or en poudre impalpable; reverbérez cet or au fourneau de reverbére, & il restera en fleurs.

Prenez lesdites fleurs & les mettez en excellent vinaigre distillé, que vous mettrez pendant quinze jours au fumier de Cheval. Versez par inclination le vinaigre qui sera coloré, & en remettez d'autre; faites digérer de même dans le fumier; continuez aussi long-temps que le vinaigre ne se colore plus. Retirez votre vinaigre au feu de cendres par une cucurbite & alambic de verre, & il vous restera une huile noirâtre; sur laquelle vous verserez de l'esprit de vin, que vous ferez digérer en vaisseau de rencontre pendant douze semaines, & votre esprit de vin se coagulera, mettez en poudre & le placez sur un verre à la cave & l'or tombera en huile, qui est l'or potable; dont il faut user avec modération & en petite quantité, comme dé deux, trois ou quatre goutes dans un véhicule convenable.

Préparation de l'esprit de vin pour cette opération. Faites dissoudre deux onces de camphre dans de bon esprit de vin; autant de sucre candi blanc bien desséché & pulvérisé; une once de noix muscade, macis, zedoere, gingembre, de ces trois une once; mettez ce vin en un vaisseau de rencontre, & le digérez dix ou douze jours, distillez cet esprit de vin, avec lequel vous devez tirer la teinture de votre or.

Or potable de Paracelse.

Distillez dix pintes de bon vin rouge; dont vous tirerez deux pintes d'esprit de vin que vous rectifierez & réduirez à une pinte. Il faut que cet esprit soit sans flegme. Mettez-le en un matras bouché d'un autre de rencontre & bien lutté. Laissez-le circuler six semaines entiéres dans le fumier de Cheval que vous renouvellerez tous les cinq ou six jours. Au bout de ce terme, examinez s'il y a au fond du matras une poudre blanche séparée de la quinte-essence: si cela n'est pas faites encore circuler tant que vous verrez ce signe. Alors ouvrez votre matras, versez votre quinte-essence doucement par inclination, elle rend une odeur très-agréable.

Quand vous aurez tiré votre esprit de vin, distillez le flegme de votre vin que vous mettrez à part; calcinez les féces à feu

feu lent & les desséchez. Mettez en poudre & faites bien sécher sur le sable chaud. Mettez en cucurbite & y jettez de votre flegme, que vous ferez digérer vingt-quatre heures sur cendres chaudes; versez par inclination, remettez de nouveau flegme & digérez de même ce que vous répéterez tant de fois que les féces ne contiennent plus de sel. Filtrez tous ces flegmes & les distillez au bain, & le sel restera au fond de la cucurbite; pour rendre ce sel plus pur, dissolvez-le dans son flegme, filtrez & le distillez de nouveau; & ce sel sera très-purifié.

Faites circuler sur cendres chaudes dans un matras deux parts de ce sel, avec une part de la quinte-essence odorante, tant qu'ils se coagulent & congélent en sel transparent. C'est le vrai sel des Philosophes, par lequel on calcine l'or, les pierres, perles, corail, &c. Broyez une partie de ce sel avec autant d'or en feuille, & jettez dessus la moitié de leur poids de la quinte-essence susdite, & les mélez bien ensemble en un mortier de verre. Incontinent l'or se résoudra en une liqueur couleur de sang, qui est le véritable or potable.

Pour faire l'or potable de grande vertu, avec peu de travail, peu de dépense, & en peu de temps. De Fioraventi.

L'Or potable est une liqueur excellente que les Anciens & les Modernes ont recherchée avec soin, & se sont mis à faire ce breuvage d'or de plusieurs maniéres, desquelles je dirai un mot, afin que l'on puisse juger quelle est la meilleure. Quelques-uns ont voulu calciner l'or de plusieurs façons pour le rendre plus prompt à la solution : d'autres l'ont voulu dissoudre en eau régale ; d'autres après l'avoir calciné, l'ont voulu résoudre en eau-de-vie, & ainsi une infinité d'entr'eux ont marché sans lumiére ni expérience. Mais il faut sçavoir qu'il y a de l'impossibilité de réduire l'or en liqueur, toutefois c'est une chose plus facile que l'on ne pense; nous voulons marquer le moyen de la faire; c'est une essence qui opére dans l'instant, c'est presque une autre seconde ame, & une liqueur d'aussi grande vertu que l'on puisse trouver. Et pour cette raison j'assure que l'or potable peut faire beaucoup plus que ce qu'en ont écrit les Philosophes : en voici donc la maniére.

On prend une once d'or très-pur en feuille, puis on prend une bonne volatille grasse, qu'on tue & plume, & toute chaude on l'éventre, & où elle eſt plus charnue ou l'ouvre en pluſieurs lieux, tels ſont la poitrine, les cuiſſes, & deſſous les aîles dans leſquelles ouvertures il faudra introduire votre or préparé & battu, puis mettre ladite volatille en tel lieu qu'elle puiſſe pendant trente ſix heures ſe conſerver dans une chaleur tempérée, & l'or ſe fondra tout en eau; car l'humidité ſaline de la volaille diſſout cet or. Après ôtez-là, & ayez de l'eau de miel diſtillée avec tous ſes eſprits qui ſoit rectifiée deux ou trois fois, & de ladite eau, lavez la chair de cette volaille ſi exactement, qu'il n'y reſte plus rien dudit or. Mettez le tout enſemble, & pour chaque livre de cette eau, mettez y une dragme de ſel armoniac bien purifié; & le tout mis dans une cucurbite de verre, ſera placé pendant trois mois continuels dans le fumier de Cheval, y regardant ſeulement une fois le mois, pour en ſéparer tout ce qu'on verra de clair nager deſſus la lye, qu'il faudra garder dans un vaiſſeau de verre bien bouché, & remettant votre cucurbite au fumier chaud; tous les mois vous ferez de même, ainſi vous l'aurez tout diſſout & très-clair. A la fin, diſtillez les lyes par les cendres, & lui donnez grand feu afin que tout en ſorte. Mais avant que de faire diſtiller leſdites lyes, il faut y jetter demi-livre d'eau-de-vie très-fine, & ce qui en ſortira par la diſtillation, le mettre avec l'autre que vous avez gardé premiérement. Vous remettrez diſtiller le tout par le bain-marie, juſqu'à ce que tout ſoit paſſé. Alors il faudra remettre dans le fumier pendant vingt-cinq jours. Ainſi avec grande facilité & peu de dépenſe, vous aurez fait l'or potable, lequel eſt d'une vertu admirable; la maniére de le prendre eſt telle.

On prend une dragme d'or potable, & une once de ſyrop violat enſemble. On peut donner cette potion avec du bouillon, ou avec quelque eau compoſée & appropriée à la maladie ſi on eſt indiſpoſé.

Autre maniére de faire l'Or potable.

Ayez de bon tartre blanc de Montpellier, que vous ferez calciner à blancheur, mais ſans qu'il ſe fonde; vous en prendrez une livre, & verſerez deſſus deux onces de bonne eau-de-vie rectifiée, vous la diſtillerez dans un alambic au bain vaporeux, & elle ſortira en flegme, parce que le tartre retient tous les eſprits de l'eau-de-vie; ce qu'il faut répéter pluſieurs fois avec pareille quantité d'eau-de-vie, tant qu'elle en ſorte avec autant de force qu'on l'y aura miſe. Après quoi vous prendrez quatre onces de ce tartre, que vous mêlerez avec une demi-livre de bonne eau-de-vie rectifiée ou bon esprit de vin, que vous ferez circuler en vaisseaux de rencontre, & votre eau-de-vie deviendra de couleur céleste, & capable de dissoudre l'or parfaitement, & par ce moyen vous aurez un dissolvant végétal moins nuisible que tous les autres.

Avant que de mettre l'or dans ce dissolvant, il faut le réduire en chaux par amalgame, faite avec le mercure & fleurs de soufre; c'est la meilleure maniére de calciner l'or. Cette chaux d'or mise dans votre dissolvant s'y dissoudra en deux fois vingt-quatre heures. Et ce sera le vrai or potable propre non-seulement aux maladies ordinaires, mais même à toutes sortes de lépres. *Quercetan.*

Autre Or potable du même Auteur.

Faites calciner trois fois l'or très-pur par l'amalgame de mercure & de soufre, selon l'art. Ayez de bon esprit de sel bien déflegmé, dans lequel vous mettrez votre chaux d'or bien spongieuse; & l'esprit de sel deviendra rouge; vuidez par inclination, & en remettez d'autre pour tirer tout le soufre de l'or. Après quoi le corps de l'or restera en poudre blanche au fond du vaisseau. Mettez toutes vos teintures en un alambic pour en retirer l'esprit de sel par distillation, jusqu'au sec; & il vous restera une poudre rougeâtre subtile, que vous mettrez en un matras, & y verserez de bon esprit de vitriol, ou même de son huile très-pure & sans féces. Alors cette huile de vitriol d'âcre qu'elle étoit, deviendra douce par son union avec cette teinture ou soufre d'or. Cette huile de vitriol solaire, est un reméde excellent en mettant depuis deux jusqu'à quatre goutes dans du vin blanc ou du bouillon.

Autre Or potable du même Médecin.

Ayez de bon esprit de vitriol, que vous passerez sur de la limaille de Jupiter à grand feu de cendres, & vous en tirerez une eau d'un très-beau jaune. Laissez-la toute une nuit dans une bouteille débouchée, & la mettez le lendemain sur des feuilles d'or, qui seront au fond de votre alambic de verre. Sur quoi versez encore autant de bonne eau-de-vie déflegmée. Distillez d'abord votre eau-de-vie au bain-marie; puis distillez aux cendres votre dissolvant. Et si votre or n'étoit pas réduit en huile au fond de votre alambic, vous reverserez dessus de votre dissolvant & de votre eau-de-vie; ce que vous réitérerez tant que votre or reste en huile, & sur cette huile il faudra remettre du dissolvant seul sans eau-de-vie, & il prendra la couleur de l'huile, dont les usages sont divers tant pour les poulmons & estomac, que pour les autres parties affectées d'infirmités, mais en petite dose selon les forces du malade. Elle sert encore de préservatif, mais seulement toutes les semaines. Cette liqueur est si salutaire & si bienfaisante, qu'on en peut donner aux enfans même à la mammelle. Si on la donne en huile, il n'en faut pas plus d'une goute dans du bouillon ou de l'eau de mélisse distillée.

Autre Or potable du même Médecin.

Vous prendrez des rayons de miel du mois de May, qui soit blanc & d'une bonne consistance. Mettez-le dans un matras bien bouché, où il sera trois semaines en repos : puis le placez au bain-marie pendant cinq jours ; alors il deviendra pur & coulant. Vous le passerez par un linge, & distillerez la colature à feu lent dans un petit alambic. Ayez ensuite des feuilles d'or le plus pur, que vous réduirez en chaux par le mercure & la fleur de soufre comme ci-dessus. Vous en mettrez une once dans un matras, sur lequel vous verserez quatre onces de votre esprit de miel, vous le fermerez très-bien & le tiendrez durant dix jours au bain-marie : alors de cette quinte-essence de miel & de la chaux d'or, il se fera une huile admirable ; vous retirerez le dissolvant par distillation, & il vous restera une chaux solaire, que vous laverez plusieurs fois en eau commune très-claire, & vous la laverez aussi trois fois avec de l'eau-rose. Et sur cette chaux purifiée, vous mettrez de bon esprit de vin, & vous distillerez & cohobérez sept fois le tout au bain-marie, & votre métal se trouvera radicalement réduit en huile, qui d'abord sera trouble ; mais qui se purifie par le feu, & ensuite par l'eau-rose. Cette huile est un or potable excellent pour la conservation de la santé, & pour la cure de beaucoup de maladies.

Autre Or potable du même Médecin.

Il faut prendre de bon sucre candi, que vous réduirez en poudre très-fine, faites le fondre sur le feu en une poële à confitures : ayez de la poudre de briques que vous ferez rougir au feu, la quantité suffisante pour votre sucre & la jettez toute rouge sur votre sucre fondu. Mettez le tout en un alambic garni de sa chappe à bec & distillez à feu lent, & il en sortira une huile d'une grande efficace, qui par ſon acrimonie, diſſout pluſieurs corps ſolides, mais ſur-tout l'or préparé & réduit en chaux par le mercure & les fleurs de ſoufre ſelon l'art, en les mettant en digeſtion au bain-marie, ou au fumier de Cheval pendant quelque temps. Diſtillez doucement votre diſſolvant de ſucre, & il laiſſera au fond l'huile d'or ou or potable, le plus facile & le plus innocent que l'art ait pû trouver.

Huile d'Or de Rudelius, Médecin de Scucberg en Miſnie.

Prenez ſeize onces de régule d'antimoine que vous fondrez, & durant la fuſion du régule, jettez-y une once d'or. Laiſſez-les un quart d'heure ſur le feu ſans souffler. Retirez votre matiére & la mettez en poudre, que vous enfermerez entre deux creuſets bien luttés, de peur que rien ne reſpire, & la placez au four de reverbére un jour entier, & par ce feu votre compoſition deviendra noire. Laiſſez-la refroidir & la broyez derechef, puis mettez-la ſur un fourneau & augmentez le feu, ce que vous réïtérerez trois fois, & vous aurez par ce moyen une belle poudre blanche; ſur laquelle vous verſerez du vinaigre diſtillé, qui doit par la digeſtion extraire de cette poudre une teinture brune. Diſtillez-la au bain &

au fond de votre vaiſſeau, il vous reſtera une huile rouge & preſque de la couleur du rubis. Vous ferez circuler cette huile pendant douze jours avec de bon eſprit de vin, que vous retirerez au bain juſqu'à conſiſtance d'huile. La doſe eſt d'une goute dans un bouillon. Cette huile a encore d'autres uſages pour l'extérieur, ſurtout pour la lépre.

Or potable de Zwelpher

Broyez une once d'or avec nitre pur; ſel gemme ou commun, & alun deux onces de chaque. Faites bouillir dans de l'eau commune, que vous ferez évaporer juſqu'à ſiccité. Broyez bien la matiére reſtante, & y verſez de bon eſprit de vin, que vous ferez digérer: & il tirera la teinture de l'or: vuidez cet eſprit de vin par inclination & en remettez d'autre, ce que vous réïtérerez tant que votre eſprit de vin ne prenne plus de teinture. Diſtillez votre eſprit au bain-marie fort doux, tant que votre teinture reſte en ſyrop, ſur lequel, pour empécher la fulmination, vous mettrez trois fois ſon poids d'eſprit de miel. Faites précipiter par l'eſprit d'urine, & votre teinture ſe précipitera en boue d'un verd foncé qui reſtera ſur le filtre. Laiſſez raſſeoir dix à douze jours la liqueur paſſée par le filtre, & il ſe précipitera de nouvelle matiére moins brune que la premiére, & vous la féparerez par le filtre. Continuez tant que rien ne se précipite. Lavez vos précipitations avec de l'eau distillée, jusqu'à ce que vous ayez séparé tous les sels.

Mettez sur votre poudre de l'esprit de vin acué avec esprit ou sel d'urine, & en vingt-quatre heures vous aurez une teinture d'un rouge foncé; vuidez-la par inclination, & mettez de pareil esprit de vin, ce que vous continuerez tant que vous ayiez extrait toute votre teinture. Ce qu'il faut faire à la chaleur du bain-marie. La premiére fois l'eau se teindra à froid; mais ensuite il faut employer la chaleur du bain, autrement il ne se teindroit plus.

Distillez votre esprit teint, jusqu'à ce qu'il vous reste une gomme humide; mais sur la fin de la distillation, il passera quelque peu de flegme, qu'il faut recevoir à part, mais toujours avec un feu doux, sans néanmoins trop dessécher. Sur une once de cette gomme, vous mettrez une once d'esprit de vin, & huit onces de vin d'Espagne, filtrez par le papier gris & vous en prendrez par dose une demi-once; ou même un peu plus. Tel est l'or potable de Zwelpher, Médecin de l'Empereur

Léopold ; & ce Médecin donne une suite de la même opération.

Or potable de M. Sthall.

Sur trois parties de sel de tartre très-pur, vous mettrez deux parts de soufre jaune, que vous ferez fondre en un creuset, & pendant la fusion vous y jetterez une partie d'or, qui s'y fondra & dissoudra facilement. Après la fusion, retirez la matiére du feu, & vous trouverez un *hepar sulphuris*, qui se pulvérisera. Mettez cet *hepar* pulvérisé dans de l'eau chaude & il s'y fondra. Filtrez cette eau, elle est rouge & chargée d'or, c'est un or potable, d'un goût peu agréable, & approchant de celui du magistére de soufre.

M. Sthall donne à cette dissolution toutes les qualités que l'on accorde à l'or potable. Il faut avouer cependant qu'en évaporant à feu très-doux toute la liqueur, il reste une chaux rouge qui se joint aisément au mercure : ainsi l'or n'y est pas dissous radicalement.

Teinture d'Or.

Vous prendrez du nitre très-pur ou de la troisiéme cuite que vous mettrez en poudre, versez dessus son poids d'esprit de vitriol, Distillez & cohobez jusqu'à ce que le nitre demeure fixe, fusible & incombustible, lequel étant broyé & cuit avec l'or en chaux, en tire la teinture & laisse le corps blanc; & l'on tire cette teinture par l'esprit de vin bien déflegmé.

Huile d'Or pour la Médecine.

Prenez une once d'or fin purifié trois fois par l'antimoine que vous joindrez avec une once de régule de Mars; fondez-les & les mettez en poudre impalpable. Faites chauffer en un creuset & l'amalgamez avec six onces de mercure révivifié du cinabre par la limaille de fer. Broyez & purifiez bien cet amalgame. Mettez dans une petite cornue & en retirez le mercure.

Au fond de la cornue, il vous restera une matiére couleur d'azur, que vous mettrez en poudre impalpable; ajoûtez-y trois fois son poids de pierre de ponce préparée, c'est-à-dire, calcinée & éteinte deux ou trois fois en vinaigre distillé, où l'on aura dissous du sel purifié. Mettez le tout dans une petite coupelle séche que vous couvrirez d'un couvercle exactement lutté. Mettez dans une capsule pleine de sable, feu dessus & dessous pendant vingt-quatre heures; & votre matiére sera d'un rouge de corail. Mettez-la bien en poudre, & versez dessus de bon esprit de vin tartarisé, ou de bon vinaigre distillé, fortifié par le ſel armoniac ; digérez & tirez la teinture en douze heures. Mettez de nouvelles liqueurs tant qu'elle ſe teindra. Diſtillez au bain-marie juſqu'à ce que rien ne monte.

Il vous reſtera une huile ou ſyrop d'or qu'il faut faire circuler avec de bon eſprit de vin dans un vaiſſeau de rencontre pendant dix ou douze jours. Retirez l'eſprit de vin par le bain-marie.

La doſe eſt de trois, quatre ou ſix goutes dans un bouillon, ſyrop, vin d'Eſpagne, ou autre véhicule. Cette huile eſt bonne contre la goute, maladies vénériennes, lépres, & autres infirmités qui viennent de l'impureté du ſang.

L'Or réduit en huile pour la Médecine.

Vous prendrez deux parts d'eſprit de ſel, & une part d'eſprit de nitre dans leſquels vous ferez diſſoudre autant de feuilles d'or très-pur, que votre eau en pourra diſſoudre ; vous la diſtillerez au bain-marie fort doux, juſqu'à ce que l'or ſoit réduit en gomme ou ſel cryſtallin. Vous le mettrez à l'air afin qu'il ſe diſſolve de ſoi-même. Puis diſtillez derechef, & faites réſoudre de lui-même ; réïtérez les diſtillations & diſſolutions tant que rien ne ſe congéle, & que tout reſte en une liqueur colorée.

Trempez une plume dans cette liqueur, dont vous oindrez les ulcéres légérement. Ce reméde est souverain pour les vieilles playes & cancers ou chancres invétérés, quelque part qu'ils soient; chose plus d'une fois éprouvée.

Chaux & teinture de l'Or.

Amalgamez de l'or avec du mercure bien purifié tiré du cinabre. Mettez votre amalgame dans une retorte, & en retirez le mercure à feu gradué: amalgamez ce même mercure avec votre or & le distillez de même; ce qui doit se répéter trois fois.

Ajoûtez du sublimé à votre chaux d'or, que vous broyerez l'un & l'autre sur le porphyre, pour en faire trois fois la sublimation; mais à la quatriéme prenez des fleurs de sel armoniac, ou du sel volatil d'urine très-blanc. Continuez la sublimation trois autres fois. Alors vous aurez une chaux, dont l'esprit de vin rectifié, tirera la teinture en les faisant circuler ensemble. C'est un reméde très-précieux pour les infirmités du corps.

Teinture d'Or très-spécifique.

Prenez de l'or très-pur une partie, du sel Philosophique préparé, ainsi qu'il sera dit, dix parties; charbon de racines de vignes trois parties.

Faites fondre le ſel Philoſophique dans un fort creuſet; & lorſqu'il ſera fondu, jettez-y l'or en limaille qui ſe fondra auſſitôt. Alors ajoûtez-y le charbon en poudre groſſiére ou en petits morceaux, & cela peu à-peu, & que le tout demeure en fuſion un bon quart d'heure. Vous verſerez ce mêlange dans un mortier de marbre échauffé, où vous le pulvériſerez. Et ſur cette poudre, mettez de l'eſprit de vin très-pur & en tirez la teinture ſelon l'art. Cette teinture eſt regardée comme univerſelle & admirable, tant pour les maladies des hommes que des métaux.

Fondez de nouveau ce qui reſtera de l'extraction de la teinture, & vous le fondrez avec autant de ſel philoſophique, pour le pulvériſer & en tirer la teinture comme auparavant.

Le *ſel Philoſophique* ſe fait par l'huile de ſoufre, & le ſel marin réſous à l'humide, ou ſe peut encore faire avec ſel gemme ou marin, diſſous & filtré & joint avec autant d'huile de vitriol que vous coagulerez en ſel, ſelon l'art.

Poudre d'Or Philoſophique, donnée pour Médecine univerſelle.

Or très-pur paſſé trois fois à l'antimoine; régule martial calciné trois fois par le nitre ſeul; ſublimé doux : le tout par égal poids. Fondez l'or avec le régule, & les ayant jetté dans un mortier de marbre échauffé; mettez-les en poudre impalpable, & y ajoûtez le ſublimé. Paſſez ce mêlange par un tamis fin, & le mettez dans un petit matras de verre blanc & fort, dont le fond ſoit plat & uni. Scellez hermétiquement le col du matras, & le faites digérer au feu de cendres modéré, ou de lampe pendant ſept ou huit mois. Prenez garde que le matras ſoit dans une chaleur toujours égale, proportionnée à celle du Soleil lorſqu'il eſt dans le ſigne du Lyon.

Cette matiére qui d'abord étoit blanche, paſſera par les diverſes couleurs Philoſophiques, & ſur la fin elle deviendra très-rouge. Alors prenez-en un grain, & le jettez ſur une lame de cuivre ou de fer rougie; ſi elle coule deſſus & qu'elle ſe fonde ſans fumer en pénétrant le métal de ſa teinture, c'eſt un ſigne manifeſte de ſa fixation; c'eſt pourquoi vous la retirerez du vaiſſeau, & la garderez pour la guériſon de toutes ſortes de maladies. La dose est d'un demi-grain dans une liqueur appropriée.

Si cette matiére fume en l'éprouvant au feu, il faut la laisser de nouveau en digestion & continuer le même feu jusqu'à ce que la poudre se fonde, & ne fume pas sur la plaque de fer ou de cuivre rougie.

Cette poudre a été ainsi faite par le Seigneur Ranseck de Milan, qui en avoit eu la composition du Pere Grégoire de l'Ordre des Carmes Déchaussés, qui l'avoit éprouvée.

S'il arrive que le matras se felle ou se rompe, il faut mettre la matiére dans un autre vaisseau semblable, avec un peu d'autre sublimé doux, & le sceller comme ci-dessus. Quelquefois cependant la digestion est de douze ou quinze mois, selon que la chaleur a été sagement ménagée, ni trop foible, ni trop forte; & pour cet effet, on pourroit se servir d'un Thermométre par le moyen duquel on maintiendroit le tout dans l'égalité.

Autre Médecine universelle par l'Or.

Faites fondre autant d'or que vous voudrez par l'eau-forte rectifiée trois fois, & dans laquelle vous aurez mis auparavant du sel armoniac Philosophique, fait d'esprit d'urine & d'huile de vitriol, mêlez & coagulez ensemble selon l'art.

Retirez le menstrue de dessus votre or jusqu'au sec & versez sur l'or dissous qui sera en forme de sel rouge de l'esprit de vin le plus pur, à l'éminence de deux ou trois doigts. Après que la teinture sera tirée, faites-en la circulation dans un Pellican, selon l'art; pendant six semaines. Digérez au sable & retirez une partie de votre esprit de vin. Alors vous aurez l'or potable des Philosophes, dont les propriétés sont si étendues qu'on les pourroit dire universelles.

C'est au Médecin sage & prudent à mettre en pratique, ou à conseiller ces excellens remédes selon le besoin.

Pour réanimer l'Or dont on a tiré la teinture ou le soufre.

Vous édulcorerez bien & dessécherez l'or dont vous avez tiré la teinture, & qui est blanc, une once. Puis vous ferez fondre quatre onces d'antimoine, dans lequel vous mettrez une once de fer, & autant de cuivre rouge, tous deux en limaille. Quand ces trois derniéres matiéres seront bien incorporées & mêlées; vous y jetterez votre once d'or blanc ou désanimé; laissez le tout en fonte environ une heure; retirez le creuset du feu, & jettez votre matiére dans un cornet à régule chauffé

& graissé. Frappez sur le cornet, & votre or tombera au fond aussi beau qu'il étoit auparavant.

Purification de l'Argent.

On prend quatre fois autant de plomb que l'on a d'argent à purifier. On fait recuire une coupelle faite de cendres d'os, ou de corne; quand elle est recuite, on y met le plomb; dès qu'il est fondu on y insinue la partie d'argent qui doit être coupelée, entourez la coupelle ou mouffle de charbon; après quelques heures le plomb emporte avec soi tous les métaux imparfaits qui s'insinuent dans les pores de la coupelle, & laissent l'argent aussi bien que l'or sur la coupelle en un petit Globe, que la violence du feu ne sçauroit alors faire fondre.

Cet argent ainsi purifié, est appellé argent de coupelle ou de douze deniers de fin. Rarement ou même jamais, se trouve-t-il de l'argent de douze deniers, quelque purification qu'on employe, il y reste toujours un peu d'alliage.

Calcination de l'Argent & sa quinte-essence.

Amalgamez une once d'argent de coupelle avec quatre ou cinq onces de mercure. Broyez bien l'amalgame avec sel de tartre & vinaigre distillé pour les purifier. Joignez-y deux onces de sublimé corrosif, & le broyez sur le marbre pour l'incorporer. Puis l'ayant mis dans une retorte, donnez le feu par degrés pour en faire sortir tout le mercure : mettez l'argent dans une cucurbite avec du vinaigre trois fois distillé, du tartre calciné & du sel armoniac en digestion au sable pendant quinze jours. Après quoi distillez la liqueur jusqu'à sec, & versez dessus du meilleur esprit de vin que vous puissiez avoir, pour en faire l'extraction selon l'art ; & vous aurez une quinte-essence qui approche de celle de l'or.

De l'Argent, sa dissolution & précipitation.

L'argent, qui est après l'or, métal le plus fixe, se dissout dans l'esprit de nitre & dans l'eau-forte, trois parties de ces dissolvans pour une partie d'argent, mis en limaille ou en petites parties. Ce métal se précipite de trois maniéres :

1°. En affoiblissant l'eau-forte, où l'argent est en dissolution, & y mettant une piéce de cuivre, à laquelle l'argent s'attache en poudre grise, & tombe ensuite au fond de la liqueur.

2°. On précipite l'argent dissous, lorsque le dissolvant est affoibli, & l'on y jette de l'eau salée & filtrée ; alors l'argent se précipite en forme de caillé blanc qui s'affaisse peu-à-peu au fond de la liqueur.

3°. Quand on a affoibli le dissolvant, on y jette du vinaigre distillé, dans lequel on a fait dissoudre du sel armoniac; & l'argent se précipite en forme de fromage mol, & laisse dans la liqueur le cuivre qui étoit allié à l'argent. Ces deux derniéres précipitations rendent l'argent volatil, sur-tout cette derniére, à cause du sel armoniac qui volatilise tous les métaux.

Eau mercurielle.

Prenez une livre de bon mercure sublimé, douze onces d'antimoine crud: broyez & mêlez le tout ensemble dans une retorte sur les cendres à feu de degrés, & vous distillerez une matiére ou laiteuse ou butiracéeuse. Distillez cette matiére à part, & vous tirerez une eau claire. Mettez cette eau dans un alambic, & en tirez le flegme par le bain, & il vous restera une eau mercurielle qui dissout tous les corps & fait passer l'or dissous par le bec de l'alambic. Au lieu d'antimoine crud, servez-vous du régule & vous ferez mieux.

Purification du Cuivre.

Mettez dans un grand creuset un lit de soufre pulvérisé, dessus lequel vous placerez une lame de cuivre rouge; sur cette lame vous mettrez une seconde couche de soufre & ainsi alternativement, soufre & cuivre, & que la derniére couche soit de soufre; couvrez ce creuset d'un autre qui soit percé au milieu. Vous le placerez dans un fourneau à vent, & poussez le feu avec violence. Quand il n'y aura plus de fumée, laissez vos lames de cuivre que vous ferez rougir dans un creuset au milieu des charbons ardens, & les jetterez dans un pot où il y aura de l'huile de lin, & couvrez le pot; lorsque votre matiére sera refroidie, vous la retirerez & la ferez rougir de nouveau pour l'éteindre, de même dans l'huile de lin; ce qu'il faut répéter dix fois, & vous aurez un cuivre très-pur.

Safran de Mars.

Vous prendrez de la limaille d'acier que vous mettrez dans une terrine de grais; vous l'exposerez à l'air durant la nuit pendant les trois mois du Printemps, remuez-la tous les jours, & la matiére se dissoudra; & il s'en fera une poudre fine, rouge orangée que vous séparerez par le tamis de soye; exposez à l'air ce qui n'a point passé; quand elle sera pulvérisée, passez-la de nouveau, & recommencez jusqu'à ce que tout soit changé en rouille.

C'eſt ce qu'on appelle ſafran de Mars préparé à la roſée.

Autre Safran de Mars.

Prenez de la limaille que vous expoſerez à la pluye juſqu'à ce qu'elle forme une pâte, que vous laiſſerez rouiller à l'ombre dans un lieu ſec ; vous la pulvériſerez & la remettrez à la pluye juſqu'à ce qu'elle ſe réduiſe encore en pâte, vous la laiſſerez rouiller comme auparavant ; vous la pulvériſerez ; ce travail doit être réïtéré dix à douze fois. Alors le tout étant pulvériſé, vous aurez un ſafran de Mars excellent.

Régule de Mars.

Ce régule ſe fait de diverſes maniéres, voici la meilleure. Prenez quatre onces de clouds de Maréchaux, que vous ferez rougir en un creuſet, vous y jetterez huit onces d'antimoine avec un peu de ſalpêtre, ſans tartre, le tout ſe fondra. Tirez votre creuſet & le laiſſez refroidir ; vous le caſſerez & trouverez le régule au fond que vous ſéparerez de ſa craſſe, Refondez une ſeconde fois avec une once de ſalpêtre, puis deux autrefois ſans y rien ajoûter & vous trouverez à la fin quatre ou cinq onces d'un beau régule étoilé.

Sel ou Cryſtal de Mars.

Prenez du machefer que vous mettrez en poudre ſubtile, vous le reverbérerez vingt-quatre heures, & vous verſerez deſſus du vinaigre diſtillé, que vous ferez digérer à feu très-doux. Quand il ſera coloré, verſez-le par inclination & en remettez de nouveau; & lorſque vous aurez tiré toute la teinture, diſtillez juſqu'au ſec, & au fond du vaiſſeau vous trouverez une matiére jaunâtre qui eſt le ſel de Mars. Faites digérer avec de nouveau vinaigre diſtillé, digérez, filtrez & diſtillez juſqu'à ce que votre ſel ſoit blanc, & que le vinaigre en ſorte inſipide comme l'eau. Cinq ou ſix grains de ce ſel donnés dans cette eau, eſt admirable contre les jauniſſes, hydropiſies, cachexies pâles-couleurs & autres maladies; & ce remède agit ſans violence & ſans autre action manifeſte que par les urines. *Quercetan.*

Sel ou Sucre particulier de Saturne.

Parmis les préparations ordinaires de ſel ou ſucre de Saturne, quoiqu'elles ſoient toutes très-eſtimables & très-bonnes; en voici cependant une qui peut faire plaiſir aux curieux.

Prenez de la céruſe, quatre onces.

Esprit de nitre, ce qu'il en faut seulement pour humecter la céruse.

Vinaigre distillé, huit onces.

Laissez digérer & dissoudre le tout en un matras à feu de sable, jusqu'à la dissolution de la céruse; quand tout sera refroidi, le sel de Saturne se trouvera crystallisé dans le fond en forme de sucre candi. *Davissone, Elémens de la Philosophie, pag.* 516.

Lilium ou teinture des Métaux.

Prenez régule d'antimoine. . . 4 ℥
Cuivre. . . . . 2 ℥
Etain. . . . . 2 ℥
Fer en limaille ou pointes de clouds. 1 ℥

Faites fondre les métaux, & il en sortira un régule fort blanc, que vous mettrez en poudre, joignez-y quatre ou cinq onces de nitre fin. Faites fondre le tout en un grand creuset, & remuez avec une verge de fer, jusqu'à ce que le tout soit réduit en un corps verd, augmentez le feu cinq à six heures, & la couleur verte augmentera & sera fixe.

Pilez chaudement cette matiére, mettez-la en un matras avec esprit de vin rectifié, qui tirera la teinture; réïtérez avec nouvelle eau-de-vie, tant que votre esprit ne se colore plus. Distillez cet esprit tant qu'il soit en huile.

Prenez cette huile que ferez circuler trois mois dans le fumier chaud, ou à lente chaleur. J'en marque plus bas les vertus.

Esprit de vin rectifié pour le Lilium.

Distillez votre esprit de vin sur les féces de la foudre Physique, qui se fait ainsi :

Quatre onces de salpêtre de la 3e cuite.

Deux onces de soufre.

Une once de tartre en poudre.

Mettez en un pot de fer ; allumez avec un fer rouge, & la matiére fulminera ; remuez & remettez le feu tant que la fulmination soit cessée. *Quesnot, secrets rares & curieux, pag.* 120.

Purification du Mercure.

Le mercure est rempli d'une terre noire, qui adhére aux plus petites parties de ce minéral. Pour le bien purifier & le rendre propre à être employé dans la Médecine, il faut prendre du cinabre ou du sublimé dont on revivifie le mercure, & l'amalgamer avec du régule d'antimoine, quatre fois purifié que vous joindrez avec son poids d'or ou d'argent : & vous mettrez sur quatre onces de ce mêlange, seize onces de mercure révivifié. Il faut que l'antimoine soit en fusion, & que le mercure soit échauffé jusqu'à fumer, & vous verserez ce dernier sur votre régule. Après quoi triturez en un mortier de marbre avec vinaigre diſtillé & ſel commun purifié, pour en ôter les noirceurs. Enſuite faites diſſoudre une once de ſublimé corroſif dans neuf onces d'eau chaude : verſez peu-à-peu ſur votre amalgame, qui dépoſera ce qui lui reſte de noirceur : quand tout ſera bien net, diſtillez par la cornue avec un récipient à moitié plein d'eau fraîche, & vous aurez un mercure bien net, que les Philoſophes appellent mercure animé.

Autre purification du Mercure.

Vous prendrez de bon mercure ſublimé qui ne ſoit pas falſifié, & vous le ferez diſſoudre dans de l'eau-forte, compoſée de parties égales de couperoſe deſſéchée juſqu'à blancheur, & de nitre. Quand votre ſublimé ſera bien diſſout, mettez la diſſolution dans une cucurbite, & à petit feu de cendres, ſéparez les trois quarts du diſſolvant. Puis découvrez votre cucurbite & la placez toute ouverte dans une jatte, & qu'elle trempe juſqu'aux bords de la matiére. Que le tout ſoit mis dans une cave, & au bout de ſix jours votre mercure ſera réduit en glaçons ; l'impureté du mercure reſtera en terre noire, qui contient les ſcories & les féces de ce minéral.

Autre purification du Mercure.

Ayez du mercure révivifié du cinabre, dont vous ferez du ſublimé par eau-forte de vitriol & ſalpêtre. Vous le ſublimerez dix fois par le vitriol & le ſel que vous renouvellerez à chaque ſublimation. Mais à chaque ſublimation, lavez-le en eau bouillante. C'eſt le moyen d'ôter toutes les impuretés & noirceurs du mercure. Après ces dix ſublimations & dix ablutions d'eau bouillante, il devient très-net & propre à toutes les opérations utiles & curieuſes de la Chymie.

Pour connoître le meilleur Mercure.

Mettez-en un peu dans une cuillére d'argent que vous ferez chauffer ſur du charbon; ſi en s'évaporant il laiſſe une couleur blanche ou jaune, le mercure eſt bon; au lieu que s'il laiſſe une tache noire, il n'eſt pas à beaucoup près ſi bon.

Pour connoître ſi le ſublimé n'eſt pas mêlé avec de l'Arſenic.

Prenez un peu de ſublimé que vous mettrez ſur une plaque de fer, verſez-y un peu d'huile de tartre. S'il eſt pur il deviendra ou rouge ou jaune; mais s'il eſt falſifié avec de l'arſenic, il deviendra noir.

Mercure précipité par l'Or.

Vous prendrez ſix parts de mercure tiré du cinabre ou du ſublimé corroſif, avec une part d'or, que vous mêlerez & amalgamerez enſemble. Ne mettez qu'une once & demie de matiére dans chaque matras, au feu continuel & doux de l'Athanor ſans être bouché hermétiquement, & en trois ſemaines au plus vous aurez un précipité rouge & très-utile pour la ſanté.

Mercure ſublimé doux, avec Mercure lunaire.

Faites une amalgame de mercure & d'argent, tant que tout ſoit uni d'une maniére douce & butiracieuſe. Broyez & purifiez bien cette amalgame avec du mercure ſublimé corroſif, tant qu'il y ait huit parts de ſublimé ſur ſix de mercure coulant; on l'amalgame, & le ſublime comme on fait le mercure doux. Il montera d'une maniére tout-à-fait différente de l'ordinaire: car il y aura beaucoup de mercure qui montera en forme de gouttes, & plus des trois quarts de l'argent ſe ſublimera, & l'autre quart demeure au fond du ſublimatoire; & vous pourrez réduire ce reſtant en corps avec du régule d'antimoine & nitre, que vous ferez brûler enſemble, & votre argent sera très-pur. Ce qui est sublimé sera tendre & mol, & il faut le laver plusieurs fois en eau chaude, ou il sera revivifié en mercure coulant, hormis quelque peu de terrestréïtés ; de maniere que vous aurez plus de mercure coulant que vous n'y en aurez mis, en comptant soit le mercure coulant que vous aurez employé dans votre amalgame, soit celui qui étoit arrêté dans le sublimé.

Amalgamez ce mercure lunaire avec or, & broyez l'amalgame avec son poids de mercure sublimé corrosif, & le ressublimez en mercure doux, lequel deviendra plus ferme que le premier, & sera sans mélange de mercure coulant.

Ce mercure sublimé doux est d'autant plus estimable, qu'il ne cause point de salivation, mais il reste toujours diaphorétique. L'or ne diminue pas de pesanteur & par conséquent il n'en monte point avec le mercure, mais il lui communique ses vertus.

Composition de la Médecine universelle, de feu M. l'Abbé de Commiers ; avec l'explication des difficultés.

Prenez du sel nitre rafiné par solutions & coagulations dans de l'eau de pluye distillée, tant de fois que tout l'alun & le sel commun qu'il contient en soient ôtés :

ce que vous connoîtrez quand il ne s'en produira plus, & que le nitre en sortira au même poids que vous l'y aurez mis. Observez qu'il ne faut prendre que celui qui se cristallise le premier dans la premiére eau, c'est le meilleur & celui qui contient toutes les plus essentielles qualités du nitre. Mettez ce sel fondre lentement dans un vase de fer, & lorsqu'il sera bien fondu, jettez par dessus une petite quantité de charbons de bois doux, comme est le Saule bien pilé, qui se brûlera d'abord & se consumera : réïtérez peu-à-peu jusqu'à ce qu'après la détonation, le sel nitre soit fixe & qu'il soit devenu d'une couleur un peu verdâtre; ce qui arrive lorsque le charbon ne se souléve pas, comme il faisoit auparavant. Versez votre sel nitre fondu dans un mortier de marbre bien chaud; quand le nitre sera refroidi, il sera blanc comme une pierre d'albâtre, & cassant comme du verre. Pilez-le incontinent, & étendez la poudre sur des lames de verre ou des assiétes de fayance, ou de terre vernissée. Exposez-le à l'air dans une cave, ou autre lieu dans lequel il soit à couvert de la poussiére, du soleil, de la pluye, & de la rosée : penchez un peu les assiétes, & mettez dessous un vase de verre pour recevoir la liqueur huileuse, qui en coulera par défaillance : car l'humidité de l'air résolvant les sels nitres dans l'espace de quelques jours, vous trouverez deux fois plus pesant d'huile qu'il n'y avoit de sel nitre, si l'opération est faite dans un temps qui ne soit ni trop froid, ni trop chaud, mais tempéré & humide. L'augmentation de l'huile vient de ce que votre nitre attire le sel nitre invisible qui est dans l'air. Filtrez cette huile plusieurs fois, puis la mettez sur les cendres chaudes, dans une cornue avec son récipient, pour en tirer une petite quantité de flegme. Mettez l'huile qui reste dans la cornue sur une quatriéme partie du nouveau sel nitre, préparé comme dessus. Remettez le tout en défaillance. Filtrez, retirez le flegme, & recommencez une troisiéme fois toute l'opération, vous aurez une huile ou essence très-pure, très-rectifiée & telle que la demande M. de Commiers. Cette huile est un très-puissant menstrue ou dissolvant, pour extraire l'essence ou teinture de toutes sortes de mixtes.

Kerckrin Commentateur de Basile Valentin a dit dans la *page* 145, que l'esprit de vin ordinaire ne suffit pas pour tirer la vraye teinture du verre d'antimoine, & qu'il en faut de préparé de la maniére suivante. Prenez du sel armoniac sublimé trois fois, quatre onces; de l'esprit de vin tartarisé & déflegmé, dix onces. Mettez le tout ensemble en digestion dans un matras qui soit bien bouché, jusqu'à ce que l'esprit de vin soit chargé du soufre ou feu du sel armoniac, puis distillez à l'alambic. Réïtérez toute l'opération trois fois ; vous aurez le vrai menstrue pour tirer la teinture rouge du verre d'antimoine. Mais comme il n'est ici question que de tirer la teinture de la teinture, l'esprit de vin tartarisé doit suffire. Prenez donc quatre ou cinq parties de cette huile ainsi rectifiée, & une partie du meilleur antimoine ; ce que l'on reconnoit par certaines rougeurs qu'il tire de la mine de l'or auprès de laquelle il se trouve. Basile Valentin dans son char triomphal de l'antimoine, *page* 208 & 209 de l'impression d'Amsterdam, en 1671, veut que l'on prenne de la mine d'antimoine qui n'ait point passé par le feu. Après que l'antimoine ou la mine auront été mis en poudre très-fine sur le marbre, mettez-le dans un grand matras de verre & l'huile par dessus, observant que les deux tiers du matras restent vuides : bouchez le matras si bien, qu'il ne respire point ; mettez en digestion à feu doux de cendres ou de lampe, tant que l'huile qui surnage l'antimoine, paroisse de couleur d'or ou de rubis : alors tirez votre huile, & l'ayant filtrée par le papier, mettez-la dans un autre matras à long cou,

& mettez par dessus pour le moins autant de très-bon esprit de vin bien rectifié sur le sel de tartre, & laissez vuide pour le moins les deux tiers du matras. Bouchez bien le matras dans lequel vous aurez mis votre teinture d'antimoine avec votre esprit de vin; mettez en digestion de chaleur lente pendant quelques jours, jusqu'à ce que l'esprit de vin ait tiré toute la couleur de l'huile ou teinture d'antimoine. L'huile de nitre restera au fond très-claire & blanche, sur laquelle surnagera l'esprit de vin imprégné de la teinture d'or d'antimoine. Tirez l'esprit de vin ainsi coloré & séparé de l'huile de nitre par décantation; l'huile de nitre servira toujours à d'autres opérations, pour tirer l'essence de l'antimoine autant de fois que l'on voudra.

Mettez votre esprit de vin dans un alambic de verre; distillez très-doucement jusqu'à ce qu'il ne reste au fond qu'environ la cinquiéme partie, laquelle retiendra avec soi la teinture de l'antimoine, ou bien distillez tout l'esprit de vin ne laissant au fond que l'essence de l'antimoine. Vous aurez en liqueur ou en poudre la Médecine universelle, par laquelle M. de Commiers assure qu'on peut se préservér & guérir de toutes sortes d'infirmités.

Si l'on s'en sert en liqueur, on en prendra cinq ou ſix gouttes dans du vin ou du bouillon, ou quelque liqueur propre à la maladie. Si on l'employe en poudre, on en mettra trois, quatre ou cinq grains, plus ou moins; car ſi la doſe eſt un peu plus forte ou plus foible, elle ne peut nuire, comme font les Médecines ordinaires qui ont preſque toutes des qualités vénéneuſes; les malades ſont guéris dans la ſeconde ou troiſiéme priſe. Lorſque le mal eſt opiniâtre, il faut augmenter la doſe à chaque fois, & en prendre trois fois la ſemaine.

Cette Médecine, dit l'Auteur, guérit non-ſeulement toutes les maladies internes les plus invétérées, mais auſſi les externes, étant appliquée en forme de baume ſur les playes, les ulcéres & les gangrênes. Elle guérit les fiévres-quartes, fiévres étiques, l'hydropiſie, le mal vénérien, le mal caduc. Elle fortifie la tête, l'eſtomac, & la digeſtion comme un or potable; puiſque c'eſt la teinture aurifique de l'antimoine, qui eſt le premier étre de l'or. Elle opére ordinairement par tranſpiration inſenſible, ſouvent par les ſueurs & par les urines, rarement par le bas, & encore plus rarement par le vomiſſement, & ſans aucune violence. Le malade n'eſt point affoibli comme par les autres Médecines; c'eſt pourquoi on la peut donner à tout âge, à toute complexion & en tout temps. Usez-en, faites-en part au public, & sur-tout aux pauvres ; & benissez Dieu qui a créé la Médecine. *Tiré des Remédes de l'Abbé Rousseau ou Capucin du Louvre.*

Liqueur de Crystal servant d'Alkaest ou dissolvant.

Prenez sel de tartre très-pur ou de nitre fixé par le charbon, six parties, crystal ou cailloux calcinés & mis en poudre deux parties. Fondez à feu violent dans un fort creuset, puis le versez dans un mortier de marbre chauffé. Laissez refroidir, mettez en poudre & ensuite à la cave pour le faire résoudre en liqueur ou huile, avec laquelle on tire la quinte-essence des métaux, minéraux, végétaux & animaux. Pour les métaux lorsqu'ils sont dissous avec l'eau qui leur est propre ; édulcorez & séchez, digérez-les avec la susdite liqueur, & en faites l'extraction par l'esprit de vin très-pur selon l'art.

Pour les autres minéraux, il suffit de les mettre en poudre impalpable, sur laquelle vous verserez de la susdite liqueur, vous la ferez digérer huit jours & vous en ferez l'extraction avec esprit de vin alkalisé.

Pour les fleurs, plantes, feuilles, racines, graines, il les faut piler en mortier de marbre, ou raper les racines & écorces; puis les digérer cinq ou six jours avec la susdite liqueur, & en tirer la quinte-essence avec esprit de vin.

Nitre Philosophique.

Prenez vingt livres de nitre le plus pur; faites esprit de nitre avec dix livres. Versez cet esprit sur vos dix autres livres de nitre réduit en liqueur, que vous serez évaporer doucement & dessécherez; avec la moitié dudit nitre, faites-un esprit selon l'art, & versez cet esprit sur votre nitre restant réduit en liqueur: ce qu'il faut réïtérer trois fois; & le nitre qui vous demeurera sera mis en un très-fort creuset, & y jetterez dessus peu-à-peu du charbon de vignes, jusqu'à ce que le nitre ne s'enflamme plus; retirez-le du feu & le purifiez; mettez-le en poudre à l'humidité d'une cave, & il se résoudra en liqueur propre à tirer les teintures de tous les métaux & minéraux.

Grana cordial de Safran.

Vous aurez du safran nouveau bien épluché que vous couperez sur une pierre afin d'en recevoir le jus, qui seroit perdu en coupant sur le bois. Mettez-en quatre livres en un pot neuf vernissé, mais sans le presser, que le vaisseau soit grand

& ne l'emplissez qu'à moitié. Puis vous les mettrez bien avant en terre, & faites que le couvercle n'appuye pas sur les bords du pot, mais soit soutenu deux doigts au-dessus. Couvrez le pot légérement de terre alentour, laissez-le ainsi l'espace de six semaines. Mettez ensute le safran dans une retorte bien luttée à son récipient & distillez au bain-marie.

Vous aurez d'abord une eau claire que vous garderez à part, & dès qu'il commencera à distiller une liqueur jaune ou rougeâtre, mettez un autre récipient, pour recevoir cette teinture : c'est le grand cordial du safran. Quand la distillation du bain-marie sera finie, mettez votre cornue à feu de cendres S'il vient encore quelque flegme vous le mettrez avec la premiére eau claire. Augmentez le feu tant que toute l'huile ou teinture soit passée, mais conduisez le feu de maniére que rien ne sente l'empireume.

Changez encore de récipient pour en tirer tout ce que vous pourrez ; mais la matiére restée dans la cornue contient le sel fixe du safran qu'il faut calciner pour le tirer & le joindre ensuite avec la teinture ou liqueur jaune La dose est de trois ou quatre gouttes dans une liqueur convenable, c'est un confortatif admirable en toute maladie. Il réjouit & fortifie les esprits & il est souverain contre les poisons.

Eau cordiale & stomacale pour les Indigestions.

Il faut prendre de la menthe, chardon bénit de chacun quatre poignées, angélique une poignée, absynthe deux poignées, coupez-les & les battez, puis les mettez en un distillatoire ordinaire, versant dessus du lait nouvellement tiré, suffisamment pour couvrir vos matiéres. Distillé comme on fait l'eau rose, en remuant de temps en temps avec un bâton. Buvez de cette eau un petit verre à la fois après l'avoir adoucie avec un peu de sucre.

Eau cordiale excellente

Vous prendrez angélique, chardon bénit, bétoine, graine de geniévre de chacun une poignée, absynthe deux poignées, le tout bien broyez le mettez en un grand vase de verre, à large embouchure, & le couvrez d'esprit de vin qui surpasse d'un pouce sur la matiére. Bouchez le vaisseau & laissez infuser à froid pendant quinze jours. Otez cet esprit que vous garderez en un vaisseau bien bouché. La dose est de dix à douze goûte ou demi cuillerées au plus dans un verre de vin blanc. Elle est bonne pour toute les douleurs d'estomac, coliques, vers, & sur-tout très-souveraine contre la contagion.

Ecrevisses préparées pour rompre la Pierre de la vessie.

Si l'on peut avoir des Ecrevisses pêchées au mois d'Août, elles seront meilleures que celles des autres mois. Mettez-les dans un pot bien bouché, & les faites sécher dans le four, tant qu'elles se pourront pulvériser.

Prenez deux onces de cette poudre, avec deux onces d'aristoloche ronde, aussi pulvérisée; vous les mêlerez & les enveloperez dans un nouet de toile claire pour les faire bouillir dans deux pintes de bon vin blanc, avec une poignée de brunette & autant de pervanche. Laissez-les deux heures sur un feu modéré: & vous passerez le tout par un linge: & vous le mettrez dans un pot ou bouteille bien bouchée.

Le malade en prendra un verre à jeun le matin & autant le soir, & même à tous les repas à sa volonté, jusqu'à parfaite guérison. Ce remède brise & pulvérise la pierre que l'on vuide par les urines, & détache les humeurs tartareuses qui la produisent; il empêche les carnosités que ce tartre pourroit causer, ouvre les conduits & fait uriner.

Cette préparation n'est pas moins bonne pour les playes externes invétérées, en y introduisant deux ou trois goutes de cette composition, & les couvrant d'une feuille de choux rouge; elle est également bonne pour les playes intérieures causées par l'action & les mouvemens de la pierre & de la gravelle, en la buvant comme pour la pierre.

Anguille préparée contre la surdité.

Prenez une grosse anguille que vous écorcherez & larderez de romarin & de sauge. Faites-la rotir à la broche, & pilez la graisse qui en sortira, avec jus d'oignon blanc & de poireaux, en pareille quantité que vous aurez de graisse. Faites bouillir ensemble & y ajoûtez ensuite du meilleure esprit de vin autant que de graisse; faites bouillir tant que tout soit en onguent liquide. Prenez-en la grosseur d'une noisette que vous ferez chauffer, & avec une paille vous en insinuerez dans l'oreille trois ou quatre gouttes chaque fois; faites-y tremper du coton que vous mettrez dans le fond de l'oreille avec un coton musqué par dessus. Laissez ainsi toute la nuit, & le retirez le matin si vous voulez: ce que vous continuerez jusqu'à guérison. Frotez-vous en même temps le derriére de la tête & des oreilles

& les tempes avec de bon esprit de vin.

Syrop de longue-vie.

Prenez huit livres de suc de mercuriale, quatre livres de suc de bourache & buglose, ensemble en tout sera douze livres.

Faites bouillir ce jus trois ou quatre bouillons, avec douze livres de miel de Narbonne: passez le tout par une chausse pour le purifier.

Coupez quatre onces de racines de gentiane, & autant de flambe, l'une & l'autre coupées par tranches, & même un peu broyées ou pilées, & les mettez séparément infuser vingt-quatre heures dans trois chopines de bon vin blanc, que vous remuerez bien. Vous passerez l'infusion sans presser le marc. Vous joindrez l'infusion avec le miel clarifié que vous aurez tout prêt, & les ferez cuire en consistance de syrop, après l'avoir bien écumé.

Le vrai temps pour faire ce syrop, est aux mois d'Avril & May que les herbes sont dans leur force, on le peut faire encore dans la séve de Septembre. Il faut prendre tous les matins à jeun, une cuillerée de ce syrop, qui a été très-éprouvé pour la conservation de la santé.

Propriété de plusieurs huiles pour la surdité.

Prenez de l'huile de lin, de l'huile de pétrole, de l'huile d'aspic, de l'huile d'amendes améres.

Vous les mélerez ensemble, & les mettrez dans une bouteille que vous ferez bouillir au bain-marie, deux ou trois bouillons, puis la retirez.

Vous en mettrez quelques gouttes dans l'oreille, avec du coton musqué par dessus.

Vin distillé contre l'Apoplexie.

Prenez une pinte de vin blanc, une chopine d'esprit de vin, trois poignées de mélisse épluchée & hachée, une once d'écorce de citron séche, hachée & mise en poudre, une once de noix muscade en poudre, autant de coriandre en poudre, demi-once de clouds de girofle en poudre, demi-once de canelle en poudre.

Faites digérer ces aromates dans le vin & esprit de vin vingt-quatre heures; puis distillez le tout au feu de cendres, & gardez la distillation dans une bouteille bien bouchée. Quand on tombe en apoplexie, il faut en donner deux ou trois cuillerées selon la violence du mal.

Baume tranquille des deux Capucins du Louvre, entretenus par le Roi Louis XIV.

Prenez les solanum racemosum, & le furiosum ou maniacum, la jusquiame, les têtes de pavots, la morelle, la nicotiane ou tabac verd; de chaque une poignée.

Prenez ensuite romarin, sauge, rhue, Hyssope, lavande, thim, tanasie, fleurs de sureau ou d'hieble, mille-pertuis & persicaria, de chaque une poignée.

Hachez & pilez toutes ces plantes ensemble; faites bouillir de l'huile d'olive en un chaudron, jettez-y les herbes susdites, jusqu'à ce qu'elles soient desséchées & friables; retirez-les avec une écumoire, & les mettez égoutter pour en recevoir l'huile restante.

Remettez dans ladite huile bouillante, pareille quantité des mêmes herbes que ci-dessus hachées & pilées; réïtérez l'infusion & cuisson de pareilles herbes jusqu'à quatre fois, tant qu'elles soient desséchées, les retirant à chaque fois quand elles seront séches. La vertu de ces plantes aromatiques où somniféres, qui consiste dans leur huile, s'est unie & concentrée dans l'huile d'olive.

Quand on veut faire ce baume encore plus efficace, on y ajoûte autant de gros crapeaux vivans, qu'il y a de livres d'huile, on les y fait bouillir tant qu'ils soient brûlés & desséchés dans l'huile; & ils augmentent l'efficacité du reméde, sans qu'on doive en appréhender aucune mauvaise qualité, tant pour l'extérieur que pour l'intérieur; & par-là ce reméde devient admirable dans la peste & en toute maladie contagieuse.

Les propriétés de ce baume, sont de guérir toute esquinancie naissante, par la seule onction avant que l'abcès soit formé. Il faut donc froter de cette huile le plus chaudement que l'on peut avec la main, tout l'extérieur de la gorge pendant un demi quart d'heure, & y appliquer ensuite des linges chauds par dessus; réïtérez cette frixion de demi-heure en demi-heure, si le malade ne dort pas. Si l'abcès est formé, il faut mêler à ce baume autant de sel armoniac; ce qui forme une pommade dont on doit se servir à froid.

Pour les fluxions de poitrine & inflammations de poulmon, on frote la poitrine à froid, & l'on est guéri en peu de temps. Si le mal est pressant, on en peut donner au malade depuis une demi-cuillerée jusqu'à une cuillerée entiére, sans avoir lieu de craindre un mauvais effet, ni transport au cerveau. Joignez-y quinze ou vingt grains de cinabre d'antimoine, avec huit ou dix grains de sel de Saturne, mêlés

Veronique.

Planche V.

dans une pomme cuite, en réïtérant soir & matin.

Pour les coliques & inflammations des entrailles, on en fait avaler la même dose, & l'on en donne deux ou trois cuillerées dans des lavemens que l'on réïtére de temps-en-temps.

En frottant les brûlures récentes dans le moment, ou n'en ressent jamais aucune douleur.

Les playes nouvellement faites sont exemptes de toute inflammation, si on frote la région de la partie blessée avant que d'y mettre aucun appareil; & la playe même est guérie en peu de temps. On peut même réïtérer cette onction tous les jours; ce qui accélére la guérison de la playe.

Pour les régles des femmes retenuës, & inflammation de matrice, il faut faire l'onction du baume aux parties inférieures, ce qui a été éprouvé une infinité de fois.

Pour volatiliser le sel de Tartre.

Prenez du sel de tartre bien blanc & le faites dissoudre dans du vinaigre distillé puis filtrez & évaporez jusqu'à pellicule, mettez-y deux fois autant de sable blanc, & reverbérez ensemble pendant douze heures dans un vaisseau de terre non verniſſé ; prenez ce ſel reverbéré, que ferez de nouveau diſſoudre en vinaigre diſtillé, filtrez, évaporez, reverbérez & diſſolvez tant que le ſel de tartre ſoit blanc comme neige ; prenez ce ſel & le faites encore diſſoudre en vinaigre diſtillé, & faites évaporer au bain, diſſolvez & diſtillez de nouveau tant que le vinaigre en ſorte âcre & picquant. Puis faites doucement ſécher ce ſel & y ajoûtez ſon poids d'eſprit de vin ; digérez enſemble & diſtillez à lente chaleur. Remettez de nouvel eſprit de vin, tant qu'il en ſorte auſſi fort que vous l'y aurez mis. Faites évaporer doucement, & ſublimez ce ſel par degrés de feu ; & le gardez ſoigneuſement & il diſſoudra l'or & autres métaux réduits en chaux.

Préparation particulière du Nitre.

Prenez dix livres de bon nitre, faites le fondre & diſſoudre dans trente livres d'eau de riviére, filtrez l'eau par le papier gris & la faites évaporer : faites fondre derechef votre nitre cryſtalliſé dans de nouvelle eau filtrez & évaporez de nouveau pour faire cryſtalliſer. Ce que vous réïtérez cinq fois, ſéparant toujours les féces. Et s'il s'y en trouvoit encore la cinquiéme fois il faudroit faire diſſoudre filtrer & cryſtalliſer tant qu'il ne reſte plus

plus de féces. Quand vous aurez fait évaporer il vous restera une pierre dure & luisante comme l'alun ; qui pésera environ cinq livres.

Vous pourrez de ce nitre en faire eau forte, en le mettant en poudre avec son double poids de terre de tuile ou de briques, ou même avec du bol : distillez en une cornue avec feu foible au commencement & très-fort sur la fin, & vous tirerez un peu plus de quatre livres d'esprit de nitre si fort qu'il dissout l'or, sans y joindre ni sel commun, ni sel armoniac.

Médecine pour la Goutte.

Deux onces de manne grasse, deux gros de follicules de séné, une poignée de cerfeuille, une poignée de pimpernelle, une poignée de bourache ; faire bouillir un quart d'heure les herbes cidessus, passez l'infusion, puis y jettez la manne & le séné & un citron par rouelle. Laissez infuser le tout jusqu'au lendemain, passez l'infusion ; faites tiédir & en prenez une seule fois dans le dernier quartier de la lune en trois verres à jeun l'un après l'autre, à deux heures de distance ; mais entre chaque prise, prenez du thé dans les intervalles.

Baume de Soufre pour la Poitrine & le Poumon.

Faites l'esprit de térébentine ainsi : vous la distillerez au bain-marie, sans y mêler aucune autre liqueur, puis la rectifiez trois ou quatre fois. La marque qui fait connoître quand elle est bien rectifiée, est l'orsqu'elle s'unit avec l'esprit de vin. Mettez-les sur des fleurs de soufre sublimées cinq à six fois. Digérez-les ensemble & l'esprit de vin dissoudra tout le soufre. Vuidez par inclination & remettez de votre esprit pour tirer de nouvelle teinture. Mêlez cette dissolution avec douze fois autant d'eau distillée. Et vous distillerez le tout au bain-marie jusqu'à ce que la substance reste en colophone, qui étant refroidie est transparente & rouge comme rubis. L'eau emporte par la distillation, tout l'esprit de térébentine: & le soufre reste seul. Mettez cette espéce de colophone en poudre & y versez dessus de l'esprit de vin, qui sera tout dissoudre à l'exception de quelques féces; & ce sera un baume mucilagineux. Ce baume est excellent pour tous maux de poitrine & affections du poumon. Si vous en frottez dartres, gratelle ou autres infirmités de la peau, elles seront guéries en trois ou quatre jours.

LE THÉ DE L'EUROPE,

OU

LES PROPRIÉTÉS DE LA VÉRONIQUE:

TIRÉES

Des Obſervations des meilleurs Auteurs ; & ſur-tout de celles de M. Francus Médecin Allemand.

LE THÉ DE L'EUROPE; OU LES PROPRIÉTÉS DE LA VÉRONIQUE.

HISTOIRE DE LA VERONIQUE.

L'EXTRAIT qu'on a donné dans le Journal des Sçavans du 8. Janvier, 1703, du Traité que M. Francus, Médecin de la ville d'Ulme en Franconie, * a fait imprimer touchant les vertus de la Véronique, me fit naître l'envie de lire ce que les plus fameux Médecins ont observé, sur l'usage de cette Plante. Je trouvai que l'expérience leur en avoit fait connoître des vertus très-singulières, pour la guérison de plusieurs maladies : mais comme personne n'est entré dans un si

* Ce Traité est intitulé, *Veronica Theezans, &c. Lipsiæ & Coburgi* 1700.

grand détail que M. Francus, qui n'a pas fait difficulté de l'appeller le Thé de l'Europe, j'ai cru faire plaisir au Public, de joindre aux Observations de ce sçavant Homme, non-seulement celles des autres Médecins, qui en ont parlé, mais aussi celles que j'ai eu occasion de faire depuis quelque tems.

Ce discours sera donc divisé en cinq Chapitres. Le I. renfermera la description exacte de la Véronique, afin qu'on ne la confonde pas avec quelques autres espéces de ce même genre, comme cela n'arrive que trop souvent dans l'usage des Plantes. Le II. parlera de son analyse. On trouvera dans le III. sa comparaison avec le Thé. On rapportera dans le IV. les vertus de la Véronique. Le V. sera destiné pour les Observations de M. Francus.

CHAPITRE PREMIER.

Description de la Véronique.

ON a poussé dans ces derniers temps la connoissance des Plantes si loin, que l'on a découvert jusques à cinquante-deux espéces de Véronique. *

Celle dont nous parlons, s'appelle com-

* *Inst. Rei herb. pag.* 143. & *Coroll. pag.* 7.

munément en François Véronique, ou Véronique mâle : En Latin *Veronica mas, supina & vulgatissima*, *C. B. Pin.* 246. *Veronica vulgatior, folio rotundiore J. B.* 5. 282. Tabernæmontanus en a donné une assez bonne figure, sous le nom de *Veronica.* Elle vaut beaucoup mieux que celle que M. Francus en a fait graver. Cette Plante naît dans les bois, dans les taillis, dans les bruïéres, & se trouve en abondance autour de Paris.

La racine de la Véronique mâle est épaisse au colet d'environ une ligne, brune, garnie de fibres roussâtres, peu cheveluës, déliées & longues de deux ou trois pouces. Ses tiges sont couchées sur terre, noïieuses, & jettent des premiers nœuds, quelques fibres semblables à celles de la racine : c'est par le secours de ces fibres, que la Plante se multiplie. Les tiges ont quelquefois neuf ou dix pouces de long, suivant la bonté du lieu où elles naissent : Elles sont vert-pâle, veluës, rougeâtres en quelques endroits, ligneuses, rondes, épaisses d'une ligne, accompagnées de feüilles opposées deux à deux à chaque nœud : Ces feüilles varient par rapport au terrein. On trouve des pieds de Véronique, dont les feüilles sont plus grandes ou plus petites ; ordinairement les inférieures ont un pouce de long, sur sept ou huit lignes de large; elles sont pointuës à leur naissance, & rétrécies en maniére de pédicule, arrondies à leur extrémité, crenelées sur les bords en dent de scie, vert-pâle, parsemées de poils, qui les rendent douces & comme veloutées, Celles qui sont vers le milieu de la tige & au-delà, sont plus grandes que les premiéres, plus pointuës à leur extrémité, & attachées aux tiges sans pédicule: Les tiges se relévent ensuite jusques à la hauteur de sept ou huit pouces. La figure de Tabernæmontanus, ne les représente pas assez courbes. Des aisselles des feüilles naissent dès le bas des branches quelquefois simples, quelquefois subdivisées en deux brins & garnies de feüilles semblables aux autres: Ces brins sont chargés de fleurs assez ramassées lorsqu'elles commencent à paroître, puis allongées en maniére d'épi de trois ou quatre pouces de long: Chaque fleur est d'une seule piéce, large de deux lignes, quelquefois davantage, percée dans le centre, terminée en derriére par un petit anneau blanchâtre, partagée en devant en quatre quartiers, dont celui d'en-haut & les deux qui sont sur les côtés sont assez arrondis; l'inférieur est fort étroit & pointu; les uns & les autres sont purpurins lavés, tirant sur le bleu, rayés de lignes plus foncées : On trouve quelques pieds qui ont les fleurs blanchâtres, & quelques autres qui les ont couleur de chair. M. Francus en a remarqué auprès d'Ulme, qui avoient les fleurs blanches piquées fort proprement de points purpurins. Des bords de l'anneau s'élévent quatre étamines longues de deux lignes, bleuâtres avec des sommets de même couleur ; le calice qui est attaché contre les brins par une queuë de demi-ligne de long, est aussi divisé en quatre parties longues d'une ligne ; mais fort étroites ; du fond de ce calice sort un pistil applati, vert-pâle, qui s'articule dans l'anneau de la fleur, & qui se termine par un filet très-délié, ce pistil devient dans la suite un fruit membraneux & plat, long de deux lignes & demie, coupé pour ainsi dire, en maniére de cœur, dans l'échancrure duquel se conserve encore le filet du pistil : le fruit est d'abord vert-pâle, puis il devient brun, l'intérieur en est divisé en deux loges, par une cloison, qui de la pointe va se terminer à l'échancrure ; & ces loges sont remplies de quelques semences roussâtres, plates, presque rondes.

La racine de cette Plante est amére, mais les feüilles le sont encore davantage ; on ne trouve point d'odeur considérable dans aucune de ſes parties ; elle fleurit au commencement de Juin ; il faut la cueillir en May, dans le temps qu'elle eſt préte à fleurir. On croit que la meilleure Véronique vient au pied des chenes ; mais l'expérience n'a pas confirmé cette Obſervation, non plus que celle de M. Francus, qui prétend que les feüilles de cette Plante n'ont plus de vertu lorſque les fleurs paroiſſent.

CHAPITRE II.

Analyſe de la Véronique.

ON s'eſt ſervi des feüilles & ſommités de la Véronique fraîche, pilée & fermentée juſques à ce que ſon odeur tirât ſur l'aigre. Il y a beaucoup d'apparence que dans cet état les principes des Plantes commencent à ſe déſunir ſenſiblement, & qu'ainſi la chaleur du feu bien ménagée, les ſépare avec plus de facilité. Cette précaution eſt néceſſaire pour les fruits vineux, qui donnent cet eſprit ardent & inflammable, que l'on appelle eau-de vie, & que l'on ne ſçauroit tirer des Raiſins, des Figues, des Cériſes & des Fruits ſemblables qu'après la fermentation. Pour ce qui eſt des Plantes qui n'ont pas de suc vineux, on ne trouve pas grande différence entre leurs analyses faites avec fermentation, ou sans fermentation : Ainsi l'on ne rapportera pas ici l'analyse de la Véronique non fermentée, parce qu'elle ne différe pas de celle qu'on a faite de la même Plante bien fermentée.

Huit livres donc de cette Plante, distillées dans un alambic au bain-marie, ont donné cinq livres & six onces d'eau, que l'on a divisée en treize portions, d'environ six onces chacune; les dix premiéres étoient fort claires, d'une odeur assez forte, mais d'une saveur assez fade & douceâtre; les deux derniéres étoient jaunes couleur de paille, & leur odeur approchoit de l'empireume.

La premiére portion a rougi la solution de Tournesol en rouge brun.

La deuxiéme lui a donné une belle couleur de vin de Bourgogne.

La troisiéme l'a renduë couleur de cérise.

La quatriéme l'a fait paroître rouge orangé, mais vif.

La cinquiéme, & les autres jusques à la dixiéme, ont fait de même.

Les quatre dernieres ont coloré la même solution d'un rouge plus fort, c'est-à-dire, moins orangé.

Toutes ces portions n'ont fait aucun changement avec l'huile de Tartre, ni avec l'esprit volatile de Sel armoniac.

D'où il paroît que l'eau de Véronique est manifestement acide; mais cet acide est extrêmement volatile: car quoique cette eau ait de très-grandes vertus, ainsi que nous le dirons dans la suite; cependant si on la laisse évaporer jusques à siccité, elle ne laisse aucune sorte de résidence, non plus que les autres eaux distillées. Il est des matiéres qui agissent vivement, quoiqu'elles soient divisées à un point, où il semble que leur vertu devroit être détruite: Par éxemple, l'eau où les Pommes de Coloquinte ont infusées quelque temps, filtrée & évaporée, ne laisse presque aucune résidence; quoique cette même eau soit un violent purgatif, ainsi l'évaporation de la plûpart des eaux-minérales, ne conduit presque à rien; car il faut convenir que plusieurs pintes de ces eaux agissent peut-être en vertu d'un grain ou deux de quelque matiére saline ou terreuse, qui étoit d'une division infinie, ou bien que la matiére qui les fait agir s'évapore avec l'eau, de même que dans les eaux distillées.

Après la distillation de la Véronique, dont on vient de parler, on a mis ce qui s'est trouvé dans la cucurbite, dans une cornue de grais, d'où l'on a tiré par un feu très-modéré deux portions d'esprit, qui pesoient treize onces cinq gros : cet esprit a la meme odeur que l'esprit de tartre, mais il est moins acide ; car il ne rougit la solution de Tournesol qu'en rouge brun, il altére bien moins l'huile de tartre, & n'épaissit pas si fort l'esprit de sel armoniac : il est vrai que cet acide dans l'esprit de Véronique, est modéré par une légére portion de sel alcali, car il blanchit la solution de sublimé, au-delà de ce qu'on appelle le louche, & ensuite on s'apperçoit de quelques grumeaux.

Ayant poussé le feu, l'huile fétide a passé dans le balon, même avec quatre onces d'esprit, de même caractére que le précédent ; l'huile étoit fort épaisse, & du poids de dix onces trois gros ; la tête morte bien calcinée & lessivée, a donné trois gros de sel fixe, & dix gros de terre.

Il y a apparence après toutes ces recherches, que la Véronique dans son état naturel contient beaucoup d'acide, lequel étant mélé avec la terre, forme une matiére semblable à ce qu'on appelle sel de corail, qui comme tout le monde sçait, n'est que terre rassasiée d'acide. Dans la Véronique il y en a beaucoup plus qu'il n'en faut pour rassasier la terre qui s'y trouve ; d'ailleurs ces deux principes sont unis avec beaucoup de soufre, & l'on ne sçauroit disconvenir qu'il n'y ait aussi quelque légére portion d'esprit urineux; mais elle s'y trouve en si petite quantité, qu'elle ne doit pas entrer en ligne de compte. Il y a beaucoup d'apparence que l'acide, le soufre & le flegme sont les parties actives & dominantes de cette plante. Il est bon de remarquer aussi que l'infusion de la Véronique devient assez noire par le mélange du vitriol : celle du foin en fait de même, & c'est un indice que ces infusions ont quelque chose de la nature de la galle, qui leur donne un petit degré de stipticité, que l'on peut rapporter à l'acide, & à la terre qui s'y trouvent.

CHAPITRE III.

Comparaison de la Véronique avec le Thé.

LA comparaison de la Véronique avec le Thé, ne peut tomber que sur leurs vertus, & c'est tout ce que l'on peut souhaiter pour l'usage de la Médecine; car d'ailleurs ces plantes sont très-différentes par leur port & par leurs parties; la ressemblance de leurs feuilles étant très-certainement fort légére.

Le Thé est un arbrisseau qui naît dans le Royaume de Siam, dans la Chine &

dans le Japon ; ses feuilles sont assez semblables à celles de nos amandiers, mais beaucoup plus minces, & crénelées plus proprement ; les fleurs en sont à cinq feuilles blanchâtres, disposées autour du même centre, qui est occupé par une touse d'étamines ; à ces fleurs succédent des fruits verds d'abord, puis fort bruns ; ce sont des coques assez dures, quoique minces, quelquefois simples & sphériques, qui crevent le plus souvent, & laissent voir une espéce de noisette, moins brune, plus lisse, remplie d'un noyau charnu ; on trouve quelques-uns de ces fruits à deux coques, & d'autres à trois ; elles sont séparées par des cloisons roussâtres & luisantes. M. Tournefort de l'Académie Royale des Sciences, en conserve dans son cabinet, qui sont fort bien conditionnés. Toute la plante, excepté les fleurs, est gravée assez proprement dans Breynius.*

Tous ceux qui ont écrit de la Chine & du Japon, disent des merveilles de l'infusion des feuilles du Thé ; ce reméde purifie les humeurs dans les uns par la transpiration, & dans les autres par la voye des urines ; il tranquillise & dissipe ces cruelles insomnies, qui fatiguent si fort les malades ; les vapeurs les plus fâ-

* *Cent.* 1. 112.

cheuses cédent bien souvent à son usage; ainsi que les vertiges & les douleurs de tête causées par des crudités, & par des indigestions.

Le Thé est un apéritif benin, qui débourbe les viscéres dans les maladies chroniques, sans emporter avec trop de violence les digues qui s'opposent au cours des liqueurs, ni faire de ces fontes fâcheuses, que causent la plûpart des remédes chymiques.

L'infusion de Thé guérit le rhume & les rhumatismes, non-seulement en adoucissant la lymphe & les sérosités aigries ou salées; mais en leur procurant des passages plus libres par les conduits urinaires; & comme cette plante fortifie les parties nourriciéres, & décrasse celles qui sont destinées pour les sécrétions des humeurs, il n'est pas surprenant qu'elle en fasse briller les parties les plus spiritueuses, & qu'elle donne lieu au soufre des alimens d'entretenir ce baume de vie, qui est si nécessaire pour se bien porter.

Enfin le Thé est un puissant stomachyque, un excellent diurétique, un bon céphalique; & il soutient si bien les forces & l'intégrité des fonctions, que ceux qui s'en servent passent des nuits entiéres à travailler sans fatigue ni épuisement.

Ce que Bontekoe rapporte du Thé,

pour la guérison des fiévres, intermittentes, me paroit bien singulier. Pour chasser ces sortes de fiévres, quelque opiniâtres qu'elles soient, il faut le jour de l'accès faire prendre au malade vingt tasses de Thé, dont la teinture soit amére & très-forte ; mais les jours d'intermission, il faut qu'il en boive quarante ou cinquante tasses préparées à la maniére ordinaire.

Les Chinois sont persuadés que l'usage du Thé les garantit du calcul & de la pierre, qui sont des maladies si fréquentes, & si cruelles dans les autres parties du monde ; ils en usent fort pour fortifier la vûe, pour guérir la surdité, la colique & le cours de ventre.

On verra dans le chapitre suivant, que la Véronique n'a pas de moindres vertus.

CHAPITRE IV.

Des vertus de la Véronique.

I. POUR les douleurs de tête causées par des indigestions, la Véronique agit plus promptement & plus efficacement que le Thé. Ces têtes vaporeuses qui ressemblent à des bombes prêtes à éclater, se tranquillisent comme par enchantement par l'infusion de la Véronique, pourvû que l'on prenne le soin de tenir le ventre libre aux malades, par l'usage de l'aloës, ou de quelque autre laxatif, d'où dépend le soulagement des hypocondriaques; car sans ce secours les autres remédes, bien loin d'agir, ne font le plus souvent qu'irriter le mal.

II. La Véronique tient les sens dans une vigueur admirable. Les gens de Lettres & les Prédicateurs se trouvent parfaitement bien de son usage en maniére de Thé; elle réjouit le cerveau & dissipe cette lymphe épaissie, qui empêche les esprits de briller, & qui dans la suite produit des affections soporeuses, & même l'apoplexie. Cette plante éclaircit la vûe, & rend l'organe de l'oüie bien plus délicat. Elle surpasse la brunelle pour les maux de gorge, tant en cataplasme qu'en gargarisme; sur tout si ce gargarisme est animé par quelques grains de sel armoniac: la décoction de cette plante mêlée avec le miel rosat remet la luette, fortifie les gencives, affermit les dents, & guérit les ulcéres scorbutiques, si l'on y ajoute quelques gouttes de teinture de gomme-laque.

III. La prisane de Véronique est spécifique pour la toux séche, & même elle est d'un grand secours pour la fiévre lente, ainsi que l'eau distillée de la même plante. C'eſt un remède incomparable pour arrêter les paroxiſmes d'aſthme ; & & pour faire vuider cette colle qui farcit les véſicules & les bronches du poumon. Selon Hofman on voit des Phtyſiques ſe rétablir par l'uſage du lait, où cette plante a bouilli, & des ulcéres du poumon ſe conſolider par le ſyrop fait avec le jus de la Véronique. Tragus pour les maladies du poumon, faiſoit infuſer un gros de feüilles de Véronique dans deux onces & demie de l'eau diſtillée de la même plante, y ajoutant un gros d'écorce moyenne de *Solanum Scandens, ſeu Dulcamara.* Zuvelſer ſe ſervoit du Rob de Véronique, pour le crachement de ſang, & pour les ulcéres du poumon. Riviére l'eſtimoit beaucoup pour les mêmes maladies. Il eſt rapporté dans les Journaux d'Allemagne, qu'une perſonne qui avoit une fiſtule dans la poitrine, fut guérie par l'uſage fréquent de l'eau de Véronique ; & cette fiſtule avoit réſiſté à une infinité de remédes très-bien indiqués Le ſyrop de Véronique composé, eſt merveilleux dans ces ſortes d'occaſions ; voici la maniére de le faire.

Prenez Véronique entre fleur & graine, deux poignées ; feüilles de Scabieuſe, de Remors, de Bugle, de Sanicle, de Ruta muraria, de Pulmonaire, de

Consoude, de chacune une poignée; ache cinq ou six feüilles; fleurs de Bourrache, de Buglose, de Violettes, de Pas-d'âne, de chacune demi-once; lavez le tout proprement, & le mettez insuser dans quatre pintes d'eau de riviére, pour les faire boüillir jusques à la diminution de la moitié: Il faut ensuite passer la décoction par un linge & la faire boüillir avec demi-once de Régliffe, autant de Jujubes & de Sebestes, une once de Raisin de Damas, de Dattes & de Figues, jusques à ce que le tout soit réduit à trois chopines: car alors on le repasse par un linge, & on y ajoute une livre de miel ou de sucre, pour en faire un syrop.

IV. N'admirera-t-on pas les vertus de la Véronique, par rapport aux calculs & aux maladies de la vessie? Il y a une très-belle observation dans les Journaux d'Allemagne, qui nous apprend qu'une femme par le long usage de la décoction de cette plante, avoit rendu du calcul qui l'incommodoit depuis environ seize ans. Craton, Eraste, Gesner, qui ont été des plus fameux Médecins de leurs temps, s'en servoient très-utilement pour cette maladie. Pour la colique néfrétique, après les saignées nécessaires, il faut faire mettre le malade dans le bain préparé avec la décoction de la Véronique, appliquer le marc de cette décoction sur le bas ventre, donner des lavemens avec la Véronique, & en faire boire l'infusion à laquelle on ajoutera les yeux d'Ecrevisse. Craton & Simon Pauli faisoient préparer ces lavemens avec la Véronique boüillie dans du lait de Vache, & du sucre; le même lait est admirable pour le cours de ventre, & pour la dyssenterie. Cette plante fait des merveilles dans l'hydropisie, après la ponction; rien ne débouche mieux les viscéres & n'entraîne plus aisément les obstacles, qui s'opposent aux cours des liqueurs & donnent lieu aux épanchemens des sérosités dans la capacité du bas ventre; le foïe ne s'égoutte pas seulement par l'usage de ce reméde, mais sa tissure de racornie qu'elle étoit, devient souple, doüillette, obéïssante; les urines de briquetées qu'elles étoient, donnent des marques de coction, & se rétablissent peu-à-peu. On a vû bien des hydropiques, dont les parties n'étoient pas gâtées jusques à un certain point, guérir par l'usage de cette plante. Son extrait préparé avec les bayes de génievre, comme l'enseigne Fabricius Hildanus, est d'un grand secours dans toutes les obstructions des parties du bas ventre. L'usage de sa poudre fortifie la matrice, & en éloigne les causes de la stérilité. Hofman, par le moïen de cette poudre délayée dans de l'eau, a fait faire des enfans à des femmes qui avoient perdu l'espérance de concevoir, après plusieurs années de mariage.

V. La Véronique est un puissant sudorifique; c'étoit le grand secret de Craton dans la Peste, & dans les fiévres malignes. Schroder, Cesalpin, Tragus, Zuvelfer en faisoient le même usage : ce dernier donnoit deux onces d'esprit de Véronique, mêlé avec un peu de Tériaque, pour faire suer ses malades; cet esprit se fait en distillant le vin, où la Véronique a été en digestion pendant quelques jours: le même auteur employoit aussi le Rob fait avec deux livres de suc de Véronique, & une livre de sucre. L'expérience a fait connoître que cette plante n'étoit pas moins efficace pour les fiévres intermittentes; il faut faire boire un grand verre de sa ptisane à l'entrée de l'accès, ou bien faire boire au malade trois cuillerées de son jus, le couvrir raisonnablement, & le laisser quatre heures sans lui donner de nourriture.

VI. Les usages extérieurs de la Véronique, ne sont pas moins avantageux; elle est astringente & résolutive : par les mêmes principes qu'elle emporte les obstructions, elle ouvre les pores de la peau,

& incise les matiéres qui en étoient retenues ; ces matiéres s'échapant au travers de ces soupiraux, donnent lieu aux fibres de se rétablir par leur ressort ; & la tumeur ou le relâchement étant dissipé par résolution, on a coûtume de dire, que la plante est astringente ; de même qu'on l'appelle apéritive, lorsqu'elle dégage les viscéres & les parties glanduleuses ; ainsi ouvrir & reserrer ne sont que des qualités rélatives, qui dépendent des mêmes principes, & qui nous donnent occasion de les appeller de différens noms. Pour les simples playes, & pour toute sorte de contusions, on n'a qu'à piler grossiérement la Véronique, & l'appliquer sur la partie. Nous avons bien des plantes qui font le même effet, comme le persil, la racine vierge, le cerfeuil ; mais je n'en connois point de si souveraine que la Véronique pour les maladies de la peau. Césalpin, Fuchsius & Liébaut assurent qu'un Roi de France fut guéri de la lépre, par les fomentations qu'on lui faisoit avec l'eau de cette plante. Il n'est point de galle ni de gratelle, qui ne céde à cette eau ; elle desséche les ulcéres des Jambes, qui ne supposent point de carie dans les os. Horstius arrêtoit avec ce reméde les ulcéres qu'on nomme ambulans, & qui font de si grands progrès dans peu de temps. Du Renou la donne pour un spécifique dans le cancer. Il y a des personnes à Paris, qui font un grand secret de l'eau de Véronique pour effacer les taches du visage. Il est certain que c'est un excellent cosmétique.

Comme M. Francus a confirmé par ses Observations, la plûpart des vertus connues de la Véronique, & que d'ailleurs il en a observé de nouvelles, on a cru qu'il étoit nécessaire de les rapporter ici

CHAPITRE V.

Observations de M. Francus, sur les vertus de la Véronique.

I. UNE pauvre femme âgée de soixante & quinze ans, tourmentée d'une asthme & d'une toux, qui ne lui donnoient aucun relâche, a été guérie parfaitement par l'usage de la poudre de la Véronique mêlée avec un peu de miel: on méle un gros de poudre avec une once de miel; le malade prend ce reméde le matin à jeun; l'aprés midi, trois heures après avoir dîné; & le soir, deux heures après avoir soûpé.

II. Une femme asthmatique & hydropique, après avoir inutilement éprouvé plusieurs remédes, eut recours à moi, qui

qui lui conseillai de faire bouillir dans une suffisante quantité d'eau de pluye, deux poignées de Véronique, avec une once de régliffe; d'exprimer tout par un linge, & d'ajoûter à ce qui seroit passé six onces de vinaigre, avec une quantité raisonnable d'extrait de genièvre; elle usa de ce remède pendant quelques jours, & fut parfaitement bien guérie.

III. Une malade tourmentée depuis long-temps d'une toux des plus opiniâtres, a été guérie en prenant seulement deux fois le jour un demi-gros de poudre de Véronique, dans de l'eau de sauge.

IV. Un homme, que des douleurs de reins mettoient à une si grande extrêmité, qu'on auroit crû qu'il alloit expirer, a été entiérement délivré de la gravelle, en suivant le conseil que je lui donnai, de prendre souvent de la Véronique mélée avec de l'hydromel; sçavoir, un gros de poudre de cette plante dans deux onces d'hydromel: cet homme a été si bien guéri, qu'il s'est marié depuis, & a eu plusieurs enfans.

V. Un enfant de dix ans, fils d'un de mes voisins, ayant été mordu d'un Chien, fut guéri dans quatorze jours, par les feuilles de la Véronique, que l'on appliquoit sur la playe, après les avoir écrasées, par l'avis d'un Chirurgien, qui se nommoit Elie Walther.

VI. Un Paysan qui fauchoit du foin, étant dangereusement blessé au pied par un de ses camarades, mit sur sa playe, par l'avis d'une femme, qui se trouva sur le lieu, des feuilles de Véronique broyées, & fut parfaitement guéri.

VII. Un de mes parens âgé de quarante ans, étant malade d'une hydropisie, accompagnée de fiévre; eut le malheur de se mettre entre les mains d'une femme, qui augmenta son mal par plusieurs remédes, qu'elle lui fit prendre mal à propos. Le malade étant à l'extrêmité me consulta; je le guéris par le reméde suivant: on fit infuser pendant deux heures sur des cendres chaudes, deux poignées de Véronique dans une pinte de bon vin; ensuite on exprima la liqueur, dans laquelle, on fit infuser de même deux autres poignées de Véronique; on exprima de nouveau, & l'on fit une troisiéme infusion de Véronique, que l'on fit bouillir légérement, après quoi l'on mit ce vin dans une bouteille; le malade prit plusieurs fois le jour trois cuillerées de ce vin mêlé, avec un peu de vin ordinaire: la fiévre, cessa: & l'enflure fut tout-à-fait dissipée.

VIII. Un homme, qu'un morceau de verre avoit blessé à l'œil, & qui ne voyoit goutte, recouvra la vûe, en bassinant cette partie, où il y avoit un dépos considérable, avec du suc de Véronique bien dépuré, auquel on avoit ajoûté un peu de camphre, couvrant la blessure avec un cataplasme adoucissant.

IX. Une Dame âgée de quarante-deux ans, extrêmement malade, après un accouchement laborieux, où il avoit fallu tirer son enfant par morceaux, ne trouva pas de meilleur moyen pour remédier à l'enflure & à l'inflammation, que l'accouchement forcé avoit laissé dans les parties, que d'y faire appliquer un cataplasme de Véronique cuite dans du lait.

X. Je sçai certainement que la poudre, dont le sçavant Muller se servoit avec tant de succès, contre la pierre, n'étoit que la poudre de Véronique.

XI. Une femme de qualité, qui avoit la fiévre double-tierce, depuis six mois, guérit parfaitement par l'usage du vin de Véronique, dont on a parlé dans la septiéme Observation ; on y ajoûtoit quelques gouttes d'huile essentielle de romarin, & la malade fut purgée avec l'antimoine préparé.

XII. Un homme de qualité de Baviére, que le trop fréquent usage de la rhubarbe avoit rendu ſujet aux vertiges; après avoir été purgé pluſieurs fois, ſans en recevoir aucun ſoulagement; fut entiérement guéri de ce fâcheux accident, par la ptiſanne de Véronique, où il mettoit un peu de coriandre & de raiſins ſecs.

XIII. Un fameux Médecin mort depuis quelques années, fit une cure admirable par le ſecours de la Véronique. Le malade âgé de vingt-ſept ans, avoit un empiéme; il rendit beaucoup de pus par la bouche, ramaſſé en pelotons, qui avoient la conſiſtence de ſuif; après quoi continuant l'uſage de cette plante, il fut parfaitement guéri.

XIV. Une Payſanne d'un Bourg voiſin de nôtre Ville, appellé Berg, étant tourmentée d'une violente diſurie, & ſe trouvant entre les mains d'un Empirique, qui ne faiſoit qu'augmenter ſes douleurs, bien loin de lui procurer du ſoulagement, a été délivrée de cette maladie par des cataplaſmes de Véronique, pilée & paſſée par la poële avec du beurre frais; on appliqua ſeulement deux ou trois de ces cataplaſmes ſur la région du Pubis.

XV. Une femme qui rendoit du ſang par ſes urines depuis un an, pour avoir reçu pluſieurs coups de bâton ſous la plante des pieds par ſon mari, fut guérie par mon conſeil, avec l'uſage de la Véronique.

XVI. M. Meldérus Docteur en Médecine, rapporte qu'un Médecin étranger l'a assuré qu'un Gentilhomme qui avoit un ulcére dans le poulmon, & qui d'ailleurs étoit tourmenté d'une violente toux & d'un asthme fâcheux, avoit été parfaitement guéri par la décoction de Véronique, dont il se servit pendant quelques semaines : Tant il est vrai de dire que la nature aime les remédes simples.

XVII. Ma femme, qui s'appelle Véronique de son nom de Baptême, étoit attaquée d'une toux si violente, qu'elle lui causoit de grands vomissemens & souffroit cruellement pendant la nuit ; je lui fis prendre une ptisane avec la réglisse les figues, la racine d'iris de Florence, & celle d'Enula-Campana ; mais ne pouvant pas s'accommoder de cette boisson, je lui en fit préparer une autre avec la Véronique, les raisins secs & la canelle : la toux fut appaisée après le quatriéme jour, si bien qu'elle ne jugea plus à propos de s'en servir. Dans ce temps-là, une pauvre femme du Village de Holzschuang, d'une constitution assez séche, d'une poitrine retraissie, fatiguée d'une horrible toux, passant par-devant chez moi, pour mandier son pain, me pria très-instamment de lui enseigner par charité quelque remède ; je m'avisai alors de lui donner le reste de la ptisanne, dont ma femme ne prenoit plus; j'y ajoûtai de nouvelles herbes: la malade en but pendant quelques jours, & fut rétablie si parfaitement, qu'elle m'en vint remercier toute transportée de joye.

XVIII. J'ai appris d'un homme, qu'il n'y a pas de reméde plus sûr pour guérir les petits ulcéres qui rongent le nez, que de les graisser, avec la composition suivante: mêlez avec un peu de graisse d'Anguille une once de poudre de Véronique, & trois gros de céruse.

XIX. Un jeune Chirurgien m'a assuré, qu'il avoit connu dans ses voyages quelques Chirurgiens, qui guérissoient les gonorrhées, en faisant des injections dans la partie, avec le suc de Véronique bien dépuré; on peut faire prendre le suc par la bouche.

XX. Un malade tourmenté d'un mal de tête, causé par le vice de l'estomac, voulut se guérir par l'usage du Thé, mais en vain; je lui conseillai de se servir de la Véronique, au lieu du Thé; il le fit pendant quelques jours, & guérit.

XXI. J'ai guéri par l'usage de la Véronique, une personne qui étoit attaquée tous les jours d'un grand mal de tête, provenant d'une affection scorbutique. Voici comment je m'y pris: j'ordonnai d'abord un vomitif; ensuite je mis le malade à l'usage d'une ptisane faite avec la Véronique, la Ménianthe (qu'on appelle *Trifolium fibrinum*) & les raisins secs: ce remède eut un tel succès, que le malade recouvra la santé en peu de temps. Un homme de qualité dont j'ai parlé dans ma Dissertation sur le mercure donné mal-à-propos, en fut guéri le plus heureusement du monde.

XXII. Je fus un jour appellé pour voir le petit garçon d'une personne de cette Ville; il avoit toute la région des hipocondres très-enflée: je lui fis appliquer de la Véronique fricassée avec du beurre; on continua le remède pendant quatre jours; après quoi le malade se porta tout-à-fait bien.

XXIII. Un jeune Ecolier, qui avoit le corps tout couvert de galle, a été parfaitement guéri, sans faire d'autre remède, que de boire tous les jours la décoction de Véronique; ayant pris une Médecine ordinaire, pour se disposer à guérison. L'eau distillée de la même plante, fait suer merveilleusement: je la préfére à l'eau de fumeterre.

XXIV. La Véronique est un diurétique assuré: j'ai connu une fille, qui par le seul usage de cette plante, s'est guérie d'une grande difficulté d'urine, qui subsistoit depuis trois jours; elle bût la ptisane de

Véronique, à laquelle on ajoûta demi-gros d'yeux d'Ecreviſſe.

XXV. Un enfant de dix ans & demi, qui avoit le viſage tout rempli de puſtules, a été guéri de cette difformité par le ſecours de l'antimoine diaphrotique, & de la ptiſane de Véronique, dont il uſoit extérieurement & intérieurement.

XXVI. Je me ſouviens d'avoir vu une pauvre femme, que l'uſage ſeul de la Véronique avoit guéri d'une galle ſéche, qui la tenoit depuis quinze ans.

XXVII. Une fille d'un an, ſujette à de grands gonflemens des hipocondres, ne pouvoit guérir par tous les remédes que les Charlatans lui faiſoient; on la crut incurable: cependant afin qu'on n'eut pas à ſe reprocher de l'avoir laiſſé mourir ſans appeller aucun Médecin, ſes parens me priérent de la voir: j'ordonnai ſur le champ la décoction de Véronique en lavement, que l'on réïtéra dans la ſuite, & fis préparer un julep composé avec l'eau de Véronique & la décoction de raiſins ſecs; on le fit prendre à la malade par cuillerées: elle guérit, & ſe porte parfaitement bien depuis ce temps-là. Il eſt bon de remarquer que cet enfant rendit des urines d'une odeur ſi puante, que perſonne ne pouvoit les ſouffrir.

XXVIII. Un Tiſſerand âgé de quarante

deux ans, ſujet à des catharres, étoit fort incommodé d'une fluxion, qui couloit des ſinus de la téte par le nez, & que l'on appelle ordinairement, *Coryza* : je lui conſeillai de faire une ptiſane avec la Véronique, les bayes de geniévre, & la graine de fenouil. Il en bût pendant quelques jours, & ſe rétablit ſi parfaitement, qu'il ne fut plus ſujet à ces ſortes d'incommodités.

XXIX. Il y a onze ans qu'un Etranger âgé d'environ vingt-ſix ans, fort pauvre; mais qui paroiſſoit aſſez honnéte homme, me conſulta ſur ſes incommodités. Il étoit preſque dans le maraſme : ſa reſpiration étoit fort embarraſſée; il avoit une cruelle toux, & rendoit des matiéres purulentes par ſes crachats : comme il n'étoit pas en état de faire de la dépenſe en remédes, je lui ordonnai de prendre pendant un mois du rob de Véronique, qui n'eſt autre choſe que le ſuc de cette plante, épaiſſi ſur le feu; il s'en trouva fort bien. Je le mis enſuite à l'uſage de l'élixir de propriété de Paracelſe, dont il prenoit quelques gouttes dans du vin : ce pauvre homme recouvra ſa ſanté peu-à-peu ; & voulut m'obliger par reconnoiſſance, d'accepter un livre, qui avoit pour titre l'art de peindre en mignature.

XXX. Je fis boire un jour de la ptiſane

de Véronique à un enfant qui venoit de tomber ſur les degrés, & qui s'étoit rudement bleſſé; ce ſeul reméde diſſipa toutes les contuſions, & le guérit, ſans qu'on eut beſoin d'autre ſecours.

XXXI. Une pauvre Payſanne m'a aſſuré qu'elle avoit arrêté pluſieurs fois des pertes de ſang très-fâcheuſes, qui étoient des ſuites des régles immodérées, & cela par la poudre de Véronique, mêlée avec l'acacia, qui n'eſt autre choſe que l'extrait des prunelles. Je ne ſçai ſi nos Médecins ont de pareilles Obſervations ſur l'uſage du Thé.

XXXII. Un Payſan qui avoit la tête mangée par la teigne, & que mille ſortes de remédes n'avoient pû guérir, fut délivré de ce mal, par la ſeule décoction de Véronique.

XXXIII. Je me ſouviens d'un jeune homme, qui après avoir été cinq mois malade d'une jauniſſe, qui l'avoit jetté dans la cakexie, accompagnée d'inſomnies cruelles, & d'une fiévre qui le minoit peu-à-peu, ne trouvoit du ſoulagement dans l'uſage d'aucun reméde: une bonne femme lui conſeilla de boire le matin à jeun, & le ſoir en ſe couchant, du vin roſé, où l'on avoit fait bouillir de la Véronique: il fut entiérement rétabli.

XXXIV. Un Charpentier s'étant bleſſé

avec sa hache, prit de la Véronique, la mâcha & l'appliqua sur sa blessure : il fut guéri dans deux jours.

XXXV. Un malade qui pissoit le sang, & qui ne vouloit prendre aucun reméde par la bouche, fut guéri par un cataplasme, fait avec la Véronique & l'eau de Forgeron, que je lui fis appliquer de temps-en-temps sur le dos.

XXXVI. Un homme qui depuis sept jours étoit tourmenté d'une cruelle douleur de reins qui s'étendoit vers les uretéres, (ce qu'on appelle proprement colique néfrétique) ne recevant aucun soulagement des remédes que lui donnoit un Charlatan, en qui il avoit beaucoup de confiance, m'envoya querir : je lui fis appliquer chaudement sur le périnée un cataplasme de Véronique, broyée avec l'huile de lin : peu de temps après l'application de ce reméde, le malade urina abondamment, & fut quitte de sa douleur.

XXXVII. Dans le temps que j'étudiois à Wirtemberg, une Lavandiére m'assura qu'elle avoit été long-temps attaquée d'une grande douleur, qui la prenoit par intervalles à la cuisse gauche ; qu'elle avoit tenté inutilement plusieurs remédes, pour adoucir ce mal ; & qu'enfin elle s'en étoit délivrée, en appliquant sur la partie malade de la Véronique bouillie dans du vin & de l'eau.

XXXVIII. La ſervante d'un Curé avoit à ſoixante ans des ulcéres aux jambes, & ſouffroit de grandes douleurs de cette maladie. Le Chirurgien du lieu, qui la traitoit depuis cinq ans par ſes topiques & par ſes pilules, n'avoit ſçû la ſoulager. Je fus mandé, & je reconnus que la malade avoit une affection ſcorbutique, qu'il falloit traiter par des ſpécifiques ; je la mis donc pendant vingt jours à l'uſage d'une ptiſane compoſée avec la Véronique, la ménianthe & la canelle : je fis auſſi appliquer ſur les ulcéres le ſuc de Véronique, & au bout de vingt jours cette pauvre ſervante fut guérie. On voit par-là de quelle conſéquence, il eſt dans les maladies chroniques d'examiner s'il n'y a rien qui approche du ſcorbut.

XXXIX. Je me ſouviens d'avoir guéri de la maniére ſuivante, une perſonne qui avoit des puſtules vénériennes aux jambes, aux parties, & à la bouche : je la fis vomir & lui fis prendre enſuite la ptiſane, compoſée avec la Véronique, le bois, & l'extrait de génievre.

XL. Un homme, qui depuis un an avoit un crachement de ſang & de pus, avec un dégoût extrême, & qui ſéchoit ſur ſes pieds, après avoir tenté pluſieurs remédes, usa de la Véronique pendant un mois, par mon avis, & guérit.

Mélisse préparée pour la prendre en forme de Thé.

Cueillez des plantes de mélisse feuilles & tiges le matin avant le lever du soleil; ôtez en les feuilles que ferez sécher à l'ombre entre deux papiers Coupez les branches en plusieurs parties que vous ferez bouillir & cuire dans de l'eau, jusques à réduction de la moitié ou méme des deux tiers. Comme cette eau prend tout ce qu'il y a de balsamique dans la plante on y trempera les feuilles de mélisse séches; puis on les met sécher à l'ombre comme auparavant, mais de maniére qu'elles conservent un peu de leur humidité, puis les tortiller ensemble ou en faire des andouilles comme on accommode le tabac en Flandres. Ce qui se fait en les mettant l'une sur l'autre en une serviette, de la hauteur d'un demi pied & les serrer fortement avec des cordes. Laissez sécher cette serviette à l'ombre dans un lieu sec & un peu chaud comme seroit le dessus d'un four. Au bout de trois mois ôtez les cordes & vous trouverez votre mélisse en un rouleau, que vous mettrez dans des boëtes bien fermées pour vous en ſervir au beſoin.

On s'en ſert comme du thé des Indes & l'on verſe l'eau bouillante dans la theiere où l'on a mis de la méliſſe à peu près comme on fait du thé, pour le faire auſſi fort & auſſi chargé qu'on le ſouhaite. On y met du ſucre également : il produit les mêmes effets & à la même propriété que le thé des Indes.

Cette infuſion eſt diurétique, vulnéraire, bonne contre la goutte & la gravelle, purge & purifie la matrice ; provoque les ordinaires retardez, arrête les fleurs blanches, calme leurs vapeurs & remédie a diverſes incommodités, bonne contre les écrouelles & les ulcéres, fortifie l'eſtomac & ſoutient, ou rétablit la mémoire. *l'Abbé Aignan dans le Prêtre Médecin*. pag. 210.

Caffé de France.

Le caffé du Levant eſt en uſage depuis long-temps chez les Mahométans, qui le regardent comme une liqueur balſamique qui facilite la digeſtion. On a crû trouver la même qualité dans le ſeigle & l'orge, torréfiés comme le caffé. Il ne faut pas cependant les faire brûler autant que le caffé, afin d'y pouvoir conſerver le ſel volatil qui en fait le mérite ; le ſeigle ſur tout eſt plus onctueux que l'orge & pourroit tenir lieu de cette boiſſon ſi familiére aux orientaux, qui ſe nourriſſent preſque tous de ris, nourriture péſante & qui à beſoin d'un digeſtif pour accélérer & perfectionner la nourriture qu'on en tire.

On en peut même donner des lavemens comme du caffé & ils adouciſſent & rafraîchiſſent extrêmement le bas ventre, & rendent le teint fort frais. M. l'Abbé Aignan avoit mis ce caffé en uſage en Bretagne & moi-même je l'ai vû pratiquer de même en Flandres. *Voyez le Prêtre Médecin.* pag. 159 & 160.

Huile de Vitriol odoriférante.

Prenez vingt livres de vitriol le plus criſtallin que vous trouverez : n'importe de quel pays. Faites le diſſoudre en ſuffiſante quantité d'eau de riviére ou de pluye : filtrez à travers un papier gris. Faites évaporer la filtration en un chaudron de cuivre rouge juſqu'à pellicule prenez les cryſtaux, que mettrez ſur une table de bois proportionnée à votre matiére. Expoſez-la le jour & la nuit à l'air en un endroit ou le ſoleil frappe vivement pendant le jour, mais la mettez à couvert de la pluye & la remuez de temps en temps. Il faut que ce soit pendant tout le temps de la canicule & même dix jours de plus : c'est une calcination philosophique, empreinte des rayons solaires.

Mettez cette matiére dans des cornues de verre ou même de grais pour le mieux avec leur récipient comme on fait pour l'extraction de l'huile de vitriol ordinaire & conduisez le feu par dégré. Cette poudre est proprement celle de sympathie ; & l'huile qui en sort est l'huile odoriférante de vitriol. Elle est fort bonne contre les dissolutions du sang, maux d'estomac, distillations, dégouts, difficultés d'urine ; mais il ne faut pas qu'il y ait d'ulcéres dans les parties.

La dose est de quatre à cinq gouttes le matin à jeun dans un verre d'eau sucrée ; après quoi on reste au moins deux heures sans manger. Et comme il ne faut rien perdre ; le sel qui reste dans le *caput mortuum* se tire par dissolution dans l'eau & par évaporation, est bon pour mondifier les playes, arrêter le sang, corriger les inflammations des yeux, si l'on en dissout une demi dragme dans une peinte d'eau. *Chambon, Traité des Mines.* pag. 38.

Vertus de l'Huile de Vitriol ou de Soufre.

Infirmités rangées par ordre Alphabétique.

Observez que quand vous vous servirez de l'huile de vitriol il n'en faut que deux gouttes qui est la dose pour toutes maladies; au lieu qu'il en faut quatre de celle de soufre pour la même infirmité.

Abcès guéris.

Il en faut prendre deux gouttes en eau de rhuë sauvage.

Asthme soulagé.

Prenez deux gouttes d'huile de vitriol dans de l'eau d'armoise.

Catharre.

Avec eau de capillaires ou d'hyssope.

Cœur, sa douleur.

Vous en prendrez dans de l'eau de Poireaux.

Colique.

Il faut employer de l'eau de rhuë.

Côtés, ses maux.

La prendre dans de l'eau de plantin.

Courbature.

Prenez-la dans de l'eau de scabieuse.

Crachement de sang.

Que ce soit dans de l'eau de Plantin ou dans de l'eau de sauge.

Esquinancie.

Ce doit être dans de l'eau de morse, ou dans de l'eau-de-vie.

Estomac froid.

Employez l'eau de menthe, ou l'eau de morelle.

Estomac, sa douleur.

Purgez vous & vous servez d'eau de bétoine pour prendre l'huile.

Faim canine.

La prendre dans de l'eau-de-vie.

Fiévre continue.

Six gouttes dans deux onces d'eau roses.

Fiévre tierce.

La prendre dans de l'eau de pimpernele.

Fiévre quarte.

Que ce soit dans de l'eau de pentaphilon.

Flux de ventre.

Dans de l'eau de plantin, ou dans de l'eau de tapsus barbatus.

Forces rétablies.

Il faut la prendre avec eau d'endives.

Foye attaqué.

Prenez-la dans de l'eau de tamarisc.

Frénésie ou cerveau attaqué.

Vous la prendrez dans de l'eau de fenouil, ou dans de l'eau de nénufar, de mente ou de féve.

Galle & gratelle.

avec eau de raifort.

Pour la goutte.

En usez dans de l'eau rose.

Contre goutte chaude.

Dans de l'eau de plantin & pariétaire par égale portion.

Contre goutte froide.

Vous la prendrez dans de l'eau de choux distillé.

Hémorrhoïdes.

Dans de l'eau de tapsus barbatus & de mille feuilles autant de l'un que de l'autre.

Hydropisie.

Vous la prendrez dans de l'eau de chicorée.

Lassitude du corps.

Dans de l'eau de fenouil.

Lépre & galles.

Dans de l'eau de pimpernelle, ou dans de l'eau de fumetére & de mirabolan, ou même avec de l'eau de buglose.

Mal caduc.

Vous la prendrez dans de l'eau de péonia.

Maladies diverses.

En la prenant avec eau de tréfle.

Mémoire fortifiée.

Vous en userez dans de l'eau de fenouil, ou de galenga.

Matrice attaquée.

Dans de l'eau arthemise ou armoise.

Mélancolie.

Dans de l'eau de buglose ou de bourache.

Membres relâchés.

mettez la en fiel de bœuf & frotez en les membres.

Migraine.

Ce doit être dans de l'eau de marjolaine.

Morsure vénimeuse.

Dans de l'eau d'absynthe.

Nerfs, ses tremblemens.

Vous la prendrez dans de l'eau de basilique.

Obstructions.

Il faut la prendre avec eau de fumeterre ; ou mirabolans confis.

Parole perdue.

La prendre dans de l'eau rose.

Paralysie.

Dans égale quantité d'eau de sauge & d'Hyssope, ou avec eau de mente sauvage.

Picqure de tout le corps.

Ce doit être dans de l'eau de Plantin.

Pierre.

Vous la prendrez dans de l'eau de raifort.

Pleurésie.

Vous la mettrez dans de l'eau de menstrate, ou de capillaires.

Poitrine attaquée.

Vous vous en servirez dans de l'eau de mente.

Rate attaquée.

Prenez-la dans de l'eau de buglose.

Rhume.

Vous la prendrez dans de l'eau d'iris, ou eau de lys.

Rougeur de visage.

Dans de l'eau de pourpier.

Sang, le purifier.

Prenez-ladans de l'eau de pimpernelle.

Sciatique.

Dans de l'eau de menstrate & eau-de-vie par égale portion.

Saignement de nez.

Servez-vous d'eau rose.

Sommeil, le procurer.

Il faut la boire avec semences de laituës ou de pavots.

Surdité.

Dans de l'eau de *sigillum salomonis*, ou *sigillum beatæ mariæ.*

Syncopes.

Dans de l'eau-rose & eau-de-vie en égale quantité.

Teigne.

Purgez d'abord ; & prenez l'huile dans de l'eau d'iris de Florence ou eau-de-vie.

Tête, ses maux & douleurs.

Vous la prendrez en eau de marjolaine, ou de buglose, de sureau ou de mélisse.

Toux.

Servez vous-en dans de l'eau de capillaires & d'yssope égales parties, ou dans de l'eau de poireaux.

Tremblement de nerfs.

Prenez dans de l'eau de basilique & de marjolaine.

Vers des enfans.

Vous la mettrez dans de l'eau de pourpier ou dans de l'eau de fougére.

Vomissement appaisé.

Mettez-la dans de l'eau de coin.

Urine, pour la faciliter.

Ce doit être dans de l'eau de cresson.

Vertiges.

Prenez-la avec de l'eau de marjolaine.

Pour toutes les infirmités ci-dessus il suffit de s'en servir une ou deux fois la semaine & seulement la dose de deux ou trois gouttes de vitriol à chaque prise ou quatre & cinq d'huile ou esprit de soufre. On voit par tout ce détail que l'huile de vitriol pourroit tenir de l'universel.

Eau minérale artificielle propre contre la colique vénale, pour le Foye & pour l'appétit perdu.

Prenez six onces de vitriol romain que vous mettrez en un pot de terre vernis qui ne tienne guéres plus que votre matiére. Faites fondre ce vitriol sur un petit feu de sarment, remuant sans cesse la matiére avec un petit bâton pendant trois quart d'heures.

Laissez refroidir, cassez le pot & en tirez votre pierre de vitriol pour vous en servir ainsi qu'il suit.

Dans les chaleurs de l'été prenez deux gros de cette pierre & les faites infuser dans douze onces d'eau de riviére l'espace de quinze à dix-huit heures; bouchez bien la bouteille & pour en user versez la doucement sans qu'elle se trouble & en boirez deux verres le matin à jeun & continuez ainsi cinq à six jours de suite: & vous en verrez l'effet.

Eau Vulnéraire excellente.

Demi-once de vitriol blanc, demi-once de salpêtre, une peinte d'eau de plantin, mêlez bien ensemble & en lavez la playe.

Bézoard Solaire.

Faites fondre dans un creuset deux gros d'or dans deux onces d'antimoine minéral. La matiére étant refroidie mettez-la en poudre, avec laquelle vous mêlerez deux onces de sublimé corrosif pulvérisé. Vous mettrez le tout dans une petite retorte avec son récipient. Graduez le feu, l'augmentant jusqu'au dernier degré. D'abord il en sortira un beurre, puis il se sublimera du cinabre d'antimoine. Versez sur ce beurre quatre onces de bon esprit de nitre ; & au fond du vaisseau il se précipitera une poudre couleur de cendres & la liqueur de gris de lin. Filtrez la liqueur & sur le filtre il restera cette poudre ; sur laqu'elle vous verserez plusieurs fois de l'eau tiéde même sur le filtre ; faites la sécher ensuite, & y brûlez dessus de l'esprit de vin bien rectifié par deux ou trois fois.

Cette poudre est sudorifique & propre à combattre les maladies qui procédent de la malignité des humeurs. La dose est depuis deux grains jusqu'à dix dans quelque conserve, observez de boire quelque liqueur chaude par dessus, comme thé, caffé, ou de bon vin, & se tenir en repos dans le lit quand on en a pris.

Et pour ce qui est resté dans la cornue, vous l'amalgamerez avec du mercure pour en tirer l'or qui peut y être demeuré, & qui pourra toujours servir. *Chambon, Traité des Mines.* pag. 107.

Teintures d'or du Prince Robert Palatin.

Faites régule d'antimoine d'une partie d'or sur dix d'antimoine, que vous laisserez quelques heures en fonte. Laissez-le réfroidir & le pulvérisez. Mettez cette poudre dans un matras, sur laqu'elle versez du jus de limon clarifié, qui surnage la matiére de quatre doigts ; vous le laisserez ferez en digestion à feu doux de cendres jusqu'à ce que la liqueur soit d'un beau rouge. Prenez cette teinture & vous en distillerez la moitié dans une cucurbite : & vous en conserverez le restant dans une bouteille bien bouchée, après néanmoins que vous l'aurez laissé reposer vingt-quatre heures dans la cucurbite.

Cette teinture a les mémes vertus que celle marquée ci-dessus ; la dose est depuis cinq à six gouttes jusqu'à vingt dans des liqueurs appropriées ; & la prenant toujours avec les mêmes précautions. *Chambon, Traité des Mines.* pag. 109.

Lilium ou Teinture des Métaux.

Prenez régule d'antimoine quatre onces.
Cuivre deux onces.
Fer ou pointe de clouds de maréchaux une once.

Faites fondre ces métaux & minéraux ensemble & il en sortira un régule blanc : mettez en poudre & y incorporez quatre fois autant de salpêtre rafiné ou de la troisiéme cuite : faites fondre ensemble toute cette matiére mêlangée, poussez le feu sur la fin & vous aurez un corps verdatre, animez le feu remuez avec une verge de fer pendant cinq heures & le tout deviendra vert & fixe. Pilez chaudement votre matiére & la mettez en un matras, ſur quoi vous verſerez de bon eſprit de vin, que vous ferez digérer & lorſqu'il ſera chargé de teinture, verſez par inclination. Réïtérez la digeſtion avec nouvel eſprit de vin & ce, tant qu'il tirera teinture. Diſtillez juſqu'à ce que la matiére ſoit comme de l'huile; que mettrez en un matras avec vaiſſeau de rencontre, que ferez circuler trois mois dans le fumier chaud.

Pour avoir de bon eſprit de vin il faut le diſtiller ſur les féces de la foudre phyſique ainſi qu'il ſuit. Prenez quatre parties de très-fin ſalpêtre: deux parties de ſoufre: & une partie de tartre en poudre, mettez-y le feu & la matiére fulminera dans le moment; & mettez-y le feu tant qu'elle ne fulmine plus. Il reſtera des féces que vous mettrez en poudre, ſur leſqu'elles vous diſtillerez votre eſprit de vin.

J'ai employé cette liqueur & non le vinaigre diſtillé, parce qu'il eſt des occaſions & des ſujets ou une de ces infuſions eſt préférable à l'autre. C'eſt au ſage & habile Médecin à en décider. Quoique ce remède ne ſoit pas une teinture parfaite, quoiqu'il ne ſoit pas le même qui eſt employé par les Philoſophes hermétiques, cependant il en approche & n'eſt point à mépriſer.

Le propre de ce remède eſt de réveiller les ſoufres appeſantis ſous le poids des autres principes, comme il arrive dans les Paralysies, apoplexies, hydropisies, & humeurs de rhumatisme. Pour l'empêcher d'exciter quelque impression de chaleur, il faut le joindre avec des eaux cordiales, des remédes sudorifiques, ou avec les gouttes d'Angleterre.

La dose est depuis cinq jusqu'à quinze gouttes. On en peut donner vingt jours de suite, puis on laisse quelque intervale, & l'on recommence, selon le besoin, mais *Chambon* en ses *Principes de Physique*, pag. 302. conseille de se servir de la teinture tirée par l'esprit de vin, & non par le vinaigre.

Emplâtre de Plomb.

Prenez dix-huit onces de bonne huile d'olives.

Blanc de plomb & minium de chacun huit onces, que mettrez en poudre subtile.

Six onces de savon.

Incorporez le tout dans un pot de terre vernissé, que vous ferez cuire pendant une heures à petit feu de braise ou de charbon, remuant toujours avec une spatule de fer. Après une heure de cuisson, augmentez le feu, que vous continuerez jusqu'à ce que la liqueur soit de couleur d'huile. Alors faites en tomber une goutte sur une planche; si elle s'y attache, ou à vos doigts, c'est une marque qu'elle est faite. Coupez ensuite du linge de moyenne grosseur, & y mettez de cette liqueur, que vous y étendrez le plus mince que vous pourrez & chaudement, afin qu'elle s'étende mieux : & roulez vos toiles pour vous en servir dans le besoin. Ellles se conservent deux ans dans leur bonté.

En voici les vertus Si vous en mettez sur l'estomac une emplâtre deux fois longue & large comme la main, il provoque l'appetit; il en ôte tous les maux & dissipe les indigestions. Appliqué sur le ventre, en guérit les maux & appaise les coliques en un instant; mis sur les reins, arrête & guérit le flux de sang, la gonorrhée, la chaleur excessive du foye & la foiblesse des reins.

Il guérit toutes contusions, enflures, inflammations, ouvre les loupes, abcès & les conduit en maturité & les desséche. Il attire & fait transpirer les humeurs coulantes sans incisions. En l'appliquant au fondement, il remédie aux accidens qui peuvent y arriver; mis sur la tête il fortifie la vûe; appliqué sur le ventre, il provoque les mois, & dispose à la conception. *Tiré des Remédes du Chevalier Digbi; Reméde éprouvé.*

Autre Emplâtre pour l'Estomac.

Pilez une once de storax ; puis séparément une once d'aloës sucotrin, pilé & broyé comme farine ; ferez bouillir ces deux ensemble en un poëlon, avec demi-septier d'eau-rose pour les mieux incorporer ; l'eau-rose étant consommée, laissez refroidir & en faites une pâte avec de miel bon rosat, que vous étendrez sur un cuir & l'appliquerez sur l'estomac ; cette pâte est très-odoriférante & incorruptible. Elle fortifie très-bien l'estomac, dissipe les flegmes & la pituite. Elle conserve la chaleur naturelle, & dissipe la superflue. Cette emplâtre a sauvé la vie à plusieurs personnes, qui étoient même à l'article de la mort, & leur a rendu l'usage de la parole qu'ils avoient perdue.

Autre Emplâtre qui fortifie l'Estomac.

Prenez de l'orviétan que vous étendrez fort épais sur un cuir, puis mettez par-dessus de la poudre de noix muscade en assez grande quantité, couvrez le tout d'un autre cuir. Il ne faut pas qu'il soit plus large que la paume de la main, & vous l'appliquerez sur le creux de l'estomac, du côté où est la poudre de muscade. La même emplâtre peut servir long-temps, & guérit toutes les indigestions, crudités & maux d'estomac qui causent les diarrhées ou flux de ventre immodérés.

L'huile d'Antimoine, est ainsi préparée par les Chymistes pour teindre l'argent, ainsi qu'il se trouve en un vieil Livre d'Alchymie.

Prenez vinaigre trois fois distillé, auquel dissoudrez une partie de sel artificiel, c'est-à-dire, sel préparé *, sel alkali deux parties; après la dissolution distillez comme eau-forte. Puis prenez antimoine autant qu'il vous plaira, versez par-dessus la susdite eau, & distillez à petit feu, versez derechef cette eau par-dessus, ce que vous ferez quatre fois en tout: sur la fin après que l'humidité sera montée, les fumées paroîtront blanchâtres; alors augmentez le feu, & vous aurez la vraye huile d'antimoine: prenez de cette huile trois parties, huile du Soleil, c'est-à-dire, d'or une partie, huile de Vénus, c'est-à-dire, de cuivre une partie, mettez pour fixer, elle teint la Lune, le Mercure, le Jupiter préparé sur le Soleil très-ferme.

* Sur ce sel, voyez la Métallurgie d'Alonzo Barba, *Tome I. page* 402. 403. *& in-*12. *Paris* 1751.

Deux boules qui purgent en les tenant dans la main.

Turbit.	De chaque une dragme.
Hermodactes.	
Scamonée crue.	
Aloës.	
Myrrhe.	
Hellebore noir & blanc.	
Méchoacan.	
Jalap.	

Pulvérisez & en formez deux boules, avec le suc ou décoction d'*Iris nostras*, & de coriande. Tenez ces boules dans la main pour les échauffer : alors la vertu des matiéres, dont elles sont composées, se communique au sang, puis aux nerfs & muscles des entrailles. Le ventre s'ouvre par cette action. Quand cela est arrivé, on quitte les boules. Ce remède vient d'un Médecin Espagnol ; & *Chambon*, *Traité des Mines*, pag. 432. croit la chose très-possible.

Préparation particuliére du fer.

Le fer a de grandes vertus pour la Médecine, tant pour l'intérieur que pour l'extérieur. Sa rouille mêlée dans les emplâtres & dans les onguens, leur donne beaucoup de force contre les obſtructions; foibleſſes d'eſtomac & de cerveau.

Le remède ſuivant eſt au-deſſus de toute autre préparation. Prenez une once de limaille de fer bien nette que vous mettrez dans un matras, & ſur laquelle vous verſerez deux pintes de la plus forte eau-de-vie, auxquelles vous joindrez les matiéres ſuivantes en poudre par égales parties, ſçavoir clouds de gérofle, canelle, fleurs de noix muſcades, du tout enſemble demi-once; une livre de ſucre candi pulvériſé. Bouchez le matras, & le tenez pendant quinze jours à une chaleur modérée, & il ſe fera une teinture noire comme de l'ancre; mais fort agréable à boire, dont la doſe eſt d'une cuillerée ou deux, ſuivant les perſonnes. On la prend le matin à jeun ſans aucune contrainte; & ce remède guérit les fiévres d'accès plus ſûrement que le Quinquina. *Chambon, Traité des Mines*, pag. 67.

Baume excellent contre toutes maladies.

Prenez trois livres de bon eſprit de vin, une once de fleurs d'hypéricon, ou mille-pertuis bien épluchées, & les ferez digérer enſemble en un matras pendant deux jours, retirez le marc & le preſſez dans un linge.

Prenez ensuite deux onces de baume de la Mecque.

Trois onces de benjoin.

Une once d'encens mâle.

Myrrhe demi-once.

Aloës sucottin autant.

Et racine d'angélique de même.

Ambre gris & muse de chacun douze grains.

Broyez bien le tout ensemble dans un mortier de marbre & les joignez à votre esprit de vin, que mettrez en un matras bien fermé pour l'exposer un mois au Soleil, ou quinze jours à chaleur égale de cendres chaudes. Coulez cette essence, & la mettez dans des fioles bien bouchées.

Il ne faut pas que le matras soit trop plein, il suffit à moitié, parce que les matiéres venant à gonfler, casseroient le matras, qu'il faut boucher de maniére que le bouchon ne se puisse pas ôter; parce que s'il ne tenoit pas fortement, les matiéres par leur fermentation le feroient sauter, & tout seroit perdu.

Vertus & usages de cette essence balsamique pour l'intérieur.

C'est avec raison qu'on peut appeller ce reméde universel, puisqu'il est très-peu de maladies qu'il ne guérisse; quand même un estomac seroit ulcéré, & le poumon pourri, la ratte enflée, le foye entiérement vicié & corrompu, tous ces défauts sont corrigés par cette essence prise par la bouche, & les parties sont rétablies dans leur consistance naturelle; elle les nétoye & les raffermit. L'épreuve en a été faite. On a fait tremper dans ce baume deux ou trois fois de la chair de veau qui commençoit à se corrompre, non-seulement elle s'est rétablie, mais même s'est conservée longtemps. Que ne fera-t-elle pas dans le corps humain, où elle est aidée par la chaleur naturelle, qui la pousse jusqu'aux extrêmités du corps?

1°. Cette essence prise par la bouche guérit la Phtisie, le poison, meurit les abcès intérieurs, les évacue & consolide les parties attaquées.

2°. Elle est fort salutaire aux asthmatiques, en prenant une cuillerée deux fois la semaine, & guérit de même les poulmoniques.

3°. Elle rend le corps libre sans violence; provoque les mois & arrête les pertes superflues.

4°. Elle guérit toutes les mauvaises affections des intestins, du foye & du poumon; remédie aux coliques & à toutes autres infirmités provenant du chaud ou du froid; conserve ou rétablit la chaleur naturelle, préserve de toute corruption, qui vient de la foiblesse des parties & introduit dans le corps une vertu vivifiante.

5°. Prise au déclin de la Lune, elle guérit l'Epilepsie ou mal-caduc : alors il en faut prendre quatre jours de suite une cuillerée par jour, & continuer tous les derniers jours de la Lune, jusqu'à parfaite guérison.

6°. C'est un souverain reméde contre les maladies contagieuses & pestilentielles, la dose est toujours une cuillerée dans quelque liqueur convenable.

Usage de ce Baume pour l'extérieur.

Cette essence balsamique appliquée au-dehors, guérit toutes sortes de blessures, en quelque partie que ce soit : c'est pourquoi il faut en laver la playe entiérement, y en séringuer même si elle est profonde ; & si elle étoit très-grande y faire deux ou trois points d'éguilles ; y appliquer une compresse de coton par-dessus, & ensuite un linge net.

Si la playe est au visage, il ne faut rien coudre, mais bien nétoyer les bords de la blessure, l'humecter de cette essence, en rejoindre exactement les parties, y mettre une compresse de coton, & bander la playe qui se consolidera, & n'y point toucher que quand le coton tombe de lui même, à moins qu'on ne veuille fortifier le reméde & consolider la playe.

Pour les blessures de la téte, il ne faut jamais trépaner, mais seulement raser les cheveux, réunir les parties, tirer les éclats d'os, s'il y en a de cassés, & ensuite y appliquer le reméde comme aux autres parties du corps.

Si la partie du corps est profonde, & perce de part en part, il faut y seringuer de cette essence par les deux ouvertures, seulement trois jours de suite, & y appliquer le coton trempé. Et comme ce coton s'attache, il faut pour le tirer, l'humecter avec cette essence, & l'y remettre après l'avoir bien trempé dans ce baume.

Les bubons pestilentiels se pensent comme les playes, on les humecte avec cette essence, & ils tombent & crevent d'eux-mêmes quand la matiére est mûre, on les pense ensuite comme on fait une playe ordinaire.

Elle guérit les maux de dents par le moyen d'un bouton de coton trempé dans cette essence, & le mettre dans le trou de la dent; & en six jours le mal sera guéri.

La sciatique se guérit en frottant le mal avec la paume de la main, en étant trempée dans cette essence.

Elle guérit toute fistule quoiqu'invétérée, & en fait tomber le calus intérieur.

Elle ôte les cicatrices de la petite vérole, par la seule friction de la partie.

Guérit tout feu volage, d'artres vénéneuses, cancers, ulcéres chancreux, bubons, & toutes morsures de bêtes enragées, en humectant la partie de cette essence.

Guérit les hémorrhoïdes telles qu'elles soient, en frottant la partie affligée.

Guérit les gencives, attaquées même par le scorbut.

Guérit toutes brûlures vieilles ou nouvelles, en les pensant comme les playes.

Guérit tout mal de tête, même de migraine, il suffit de s'en frotter les narrines, ou même d'y en introduire avec du coton, & s'en frottant le front & les tempes.

Elle conforte le cerveau, empêche les vertiges, faisant comme aux maux de tête.

Elle guérit les croutes & inflammations de l'intérieur du nez, & les ulcéres qui s'y forment : il suffit de les frotter : & y appliquer un coton trempé.

On l'applique sur les meurtrissures, contusions, abcès, descentes, fluxions, enflures & loupes ; il suffit de les en frotter & d'y appliquer pareil coton.

Guérit tous maux de gorge, en se gargarisant de cette essence dans du vin.

Guérit les maux des yeux, y insinuant une goutte de cette essence & en dissipe les tayes, les cataractes & les pellicules.

Guérit pareillement tout éréſipelle.

Guérit toute ſorte de coliques, par la ſeule onction du ventre.

Guérit en un inſtant les douleurs de la goutte, quöique violentes, en oignant la partie ſouffrante, ſans rien appréhender; elle diſſout auſſi les catharres.

Enfin elle guérit la ſurdité, mettant dans l'huile un petit nouet de coton fin trempé dans cette eſſence.

Comme cette eſſence porte ſon feu avec elle, il faut toujours l'appliquer froide, la tenir bien bouchée, afin qu'elle conſerve ſa vertu.

Il ne faut jamais ſe ſervir d'autre tente que de celles de coton, ſur lequel on applique un deuxiéme coton que l'on tient en état par une bande de linge ou de toile. Il faut l'appliquer ſeule ſans aucun mêlange d'autre liqueur, & ſi l'on avoit mis quelque onguent ſur la playe, il la faut bien laver & étuver avec du vin chaud, la nétoyer, eſſuyer & faire exactement ſécher, puis ne ſe ſervir que de cette eſſence; & en moins de huit jours, toute la playe ſera guérie.

Baume d'une vertu admirable pour les tremblemens & Paralysie, d'un excellent Médecin.

Prenez galbanum une livre, gomme de lyerre trois onces, pilés menu & mélés ensemble, puis mettez dans une cucurbite de verre avec son chapiteau; distillez au bain-marie, mélez ce qui en sera distillé, avec une once d'huile de laurier, & une livre de térébentine, alors distillez encore une fois, & séparez l'eau d'avec l'huile: l'usage est que celui qui est tourmenté de paralysie, de contraction, de convulsion & tremblement, soit couché sur le dos, & qu'on lui mette de cette huile chaude médiocrement au fond du nombril, & vous verrez une merveilleuse opération, qui est fort utile dans la paralysie & la colique.

Huile excellente dans la Médecine.

Vous aurez trois livres d'huile d'olive de la plus vieille; huile de lentisque, ou à son défaut de térébentine de Venise trois livres; grains de froment bien nets & bien secs quatre onces; encens mâle & blanc six onces; raisine une once; valériane & chardon bénit, trois onces de chaque; hypéricon six onces; myrrhe choisie une once.

Mettez l'huile dans un pot verni, avec l'huile de térébentine ou de lentisque, puis placez votre pot sur un feu lent de charbons, & quand il voudra bouillir vous l'ôterez du feu, & y mettrez votre raisine grossiérement pilée; quand elle sera fondue, vous y mettrez l'encens & la myrrhe en poudre subtile, remuant toujours avec une spatule de bois. Tout étant bien incorporé, ajoûtez-y vos herbes grossiérement pilées, & votre froment concassé à part.

Couvrez votre pot & le placez à feu lent, & quand il voudra bouillir, il faut le retirer & le laisser un peu refroidir. Mettez le tout dans une fiole double, & la fermez bien avec un bouchon trempé dans la cire & bien lutté par-dessus; exposez la fiole quinze jours aux rayons du Soleil ou dans le fumier de cheval, & votre huile sera en état d'être passée au tamis pour la séparer des matiéres. L'onctuosité de la myrrhe & de l'encens, les empêche de passer, c'est pourquoi il faut employer la main pour les délayer & les faire passer plus aisément: autrement ces deux gommes resteroient en masse, & la bonté de l'huile en souffriroit. Si vous voulez que votre huile soit rouge, prenez de celle d'hypéricon, & l'effet en sera beaucoup plus grand.

Vertus & usages de cette huile.

Cette huile est admirable pour toutes sortes de playes, que je réduis à trois chefs.

1°. Contre toutes blessures faites par instrumens envenimés.

2°. contre toute autre sorte de blessure ordinaire.

3°. Contre la morsure & piquure d'animaux envenimés, comme Serpens, Scorpions, Chiens enragés, coups de cornes de Taureau en colére; piquures d'éguilles, d'épingles, d'épines, sur-tout quand les nerfs sont attaqués.

Elle guérit ensuite, tout abcès, érésipelle, hémorrhoïdes, sur-tout des hommes, celles des femmes étant plus difficiles; guérit aussi charbons, bubons, toutes brulures, toutes contusions & meurtrissures, vieux ulcéres putrides & in. stulés, mais non pas les chancres & *noli me tangere*. Utile à ceux qui ont avalé du poison, & sert de préservatif dans la peste. Voyons maintenant de quelle maniére elle se doit appliquer.

Il faut la mettre chaudement sur le mal avec une piéce de linge chaud, trempée dans cette huile chaude, & mettre dessus un autre linge trempé dans du vin blanc chaud. Il faut en mettre sur toutes les parties enflammées autour de la playe; mais ſur la playe ſeule, il faut employer les deux compreſſes d'huile & de vin blanc, & les panſer deux fois le jour. Au ſecond panſement, il faut inſinuer de l'huile dans la playe ou la morſure, ceci regarde les playes envenimées.

Dès que le malade ſera panſé, il faut lui faire avaler une once de cette huile dans trois onces de vin blanc, ce qui fera rendre le venin par les voyes ſupérieures ou inférieures ; ce qu'il faut au beſoin réïtérer le lendemain, mais en moindre doſe.

Pour les playes ſimples & ſans venin, ſi elles ſont profondes, vous les laverez avec du vin blanc chauffé & même vous y en inſinuerez ; après quoi vous ſeringuerez de votre huile chaude dans la playe, & y mettrez une compreſſe trempée dans cette huile, & empêcherez la playe de ſe fermer & ſur la ſeconde compreſſe trempée dans le vin chaud, vous y mettrez huit ou dix autres linges ſecs, afin que ces linges ſoient imbibés du ſang qui ſortira de la playe ; & pour faciliter la ſortie du ſang, il faut faire pancher le malade du côté de ſa bleſſure, & cela deux fois par jour.

Les playes non-pénétrantes, ſeront panſées de même avec huile & vin, & une troiſiéme compreſſe humectée de vinaigre,

& on ne levera l'appareil qu'au bout de vingt-quatre heures, après quoi on panse les playes deux fois le jour, avec les deux compresses d'huile & de vin chaudement appliquées.

Quand on applique cette huile sur des érésipelles, elle y forme des vessies ou empoules pleines d'eau chaude, qui se résoudront en croutes séches, & qui tomberont d'elles-mêmes, sans laisser de cicatrices.

Cette huile appliquée sur les charbons & bubons les perce, en enleve toute la chair morte, & fait croitre la chair vive qu'elle cicatrise.

Elle romp les abcès qui sont mûrs & les guérit très-bien, & quand l'abcès est ouvert, il est bon de purger le malade, surtout ceux qui ont des écrouelles.

Les hémorrhoïdes seront de même, parfaitement guéries par les deux compresses d'huile & de vin chaud. Si néanmoins l'hémorrhoïde étoit profonde, il faut employer la seringue.

Les brûlures doivent être bassinées doucement trois ou quatre fois le jour, avec la seule compresse d'huile, mais ne la pas laisser dessus, ni essuyer autrement la brûlure, pas même en ôter une humeur blanche qui se forme sur la brûlure, & qui se convertit en croute qui tombe d'elle-même; & après la chute de cette croute; il suffit de mettre des linges chauds sur la partie offensée, mais sans huile.

Pour les playes simples qui ne pénétrent pas dans la capacité des chairs, il suffit d'y appliquer cette huile, de les couvrir d'une compresse, de les bander & de les serrer, elles guériront en vingt-quatre heures. Pour les playes profondes, il faut par le moyen des tentes imbibées de cette huile empêcher qu'elles ne se ferment trop tôt & ne causent par là quelques accidens fâcheux.

Il est inutile de faire des points d'éguilles aux playes, à moins qu'elles ne soient très-grandes, en ce cas un point ou deux suffiront, on ne doit même prendre que le point, & au second appareil, il faut les ôter.

S'il y a playe ou fracture à la tête, il faut raser l'endroit, le laver avec vin chaud & y appliquer deux compresses, l'une trempée dans cette huile, & l'autre dans du vin blanc, sans jamais ôter les os de force; l'huile seule les remettra en leurs places. Nourrissez légérement le malade & n'employez pour ptisane que du vin bien trempé; il faut sur-tout que le blessé ne mange ni orange, ni citron & ne se serve de vinaigre ni d'aucun acide.

Ceux qui auroient pris intérieurement

quelque poiſon doivent boire une once de cette huile battue dans trois onces de vin blanc, la même doſe ſervira pour ceux qui ont la peſte. Cette huile chaſſe tout le venin, ſoit par le vomiſſement, ſoit par les voyes inférieures.

S'il y a du fer ou une balle dans la playe, ne vous efforcez point de la tirer, dès que cela ne ſçauroit ſe faire ſans douleur. Seringuez-y de l'huile, & peu-à-peu ces corps étrangers en ſortiront.

Dans les vieux ulcéres, il faut commencer par purger le corps & les panſer d'ailleurs comme les playes ordinaires.

Dans les fiévres quartes, cette huile eſt fort ſalutaire en frottant très-chaudement de cette huile toute l'épine du dos, peu de temps avant l'accès, & vous en verrez l'effet. Mais remarquez que pour employer cette huile dans toutes les cures, il faut qu'elle ſoit chaude auſſi-bien que le vin blanc qu'on applique deſſus.

Baume ſouverain, éprouvé.

Vous aurez huit onces d'huile d'olive; cinq onces de térébentine de Veniſe; deux onces de poix blanche. Galbanum, Benjoin, Encens en larmes, Gomme élemi, Cire neuve, Poix noire, demi-once de chacune de ces ſix derniers, &

huile d'Aſpic, & de Laurier une once de chaque.

Mettez l'huile, la térébentine, & la poix blanche dans un pot neuf bien verni. Faites bouillir & remuez le tout juſqu'à ce qu'il monte; alors ajoûtez-y l'huile de laurier, le galbanum, le benjoin, l'encens bien pilés en un mortier; puis mettez la gomme élemi & la cire: laiſſez bouillir & remuez un quart d'heure, Ajoûtez l'huile d'Aſpic & la poix noire & le tirez du feu, puis le paſſez dans un gros linge.

Le baume ſert pour toutes fluxions & douleurs froides, en frottant très-chaudement de ce baume la partie malade, mettez un linge deſſus, & incontinent la douleur ceſſera, & le même linge peut toujours ſervir. Faites de même pour les gouttes ſciatiques, bleſſures & coupures récentes en y appliquant de ce baume bien chaud, & une compreſſe deſſus bien ſerrée, & en vingt-quatre heures vous ſerez guéri.

Pour maux d'eſtomac, difficultés de reſpiration, frottez-en chaudement la partie affectée. Pour la ſurdité, trempez du coton dans ce baume chaud, & l'inſinuez dans l'oreille. Pour les enfans qui auront des tranchées & des vers, il ſuffit de leur en frotter l'eſtomac & le nombril, le tout chaudement, & d'y appliquer un linge dessus. Pour toute colique, frottez-en aussi l'estomac.

Eaux de Noix.

Prenez dans le Printemps fleurs de Noyers à la fin du mois de May deux livres, distillez & en gardez l'eau : deux livres de Noix telles qu'elles sont alors sur l'arbre, pilez-les dans un mortier de marbre ; distillez-les ensuite à petit feu de cendres ; mettez cette eau dans une bouteille de verre bien bouchée, avec un peu de canelle & de santal citrin, à proportion de votre eau, & gardez les féces. Vers le quinziéme ou vingtiéme Juin ; prenez deux livres de Noix telles qu'elles sont alors sur l'arbre ; pilez & distillez comme la premiére eau, & les mettez toutes trois ensemble dans la même bouteille.

Enfin vers le quinziéme de Juillet, prenez encore deux livres des Noix que vous prendrez sur l'arbre, pilez & y ajoûtez l'eau des deux distillations précédentes, & distillez de même que les autres.

Rectifiez par l'alambic à feu de cendres toute l'eau que vous avez eûe, & la mettez en une bouteille bien fermée, & l'exposez au Soleil l'espace de quinze jours ou trois semaines.

Propriété de cette Eau, & la manière de l'employer.

Elle eſt excellente pour les crudités & indigeſtions de l'eſtomac; il ſuffit d'en prendre une cuillerée avec un peu de ſucre, une ou deux fois la ſemaine le matin à jeun, & reſter ſans boire & ſans manger environ deux heures après.

Pour les accès de fiévre, il en faut prendre une demi-heure avant l'accès, un demi verre avec autant d'eau-roſe.

Pour ſe préſerver de la peſte & du mauvais air, prenez-en le matin une cuillerée à jeun, mêlée avec un peu de ſucre.

Pour l'hydropiſie, ſur-tout l'univerſelle, prenez-en deux cuillerées, mêlées avec autant de vin blanc à jeun, & même en quelques autres heures du jour; deux heures au moins après avoir mangé. Continuez huit jours, ſi le malade le peut ſupporter.

Bouchez bien la bouteille où eſt cette eau, & jamais elle ne ſe gâtera.

Les extraits qui reſtent après les trois derniéres diſtillations, doivent être mêlés avec de la térébentine de Veniſe environ dix parts, poudre de canelle, de girofle, farine de froment, ſel purifié de chacun demi-once: mêlez bien le tout & le gardez pour en faire une emplâtre ſur l'eſtomac, depuis

depuis le ſternum juſqu'au nombril, de la largeur de ſept à huit doigts. Vous l'y laiſſerez tant que l'emplâtre ſe détache d'elle-méme; elle attire les mauvaiſes humeurs, fortifie l'eſtomac, aide à la digeſtion.

Pour entretenir la bonne conſtitution du Sang.

Mettez en poudre de la cochenille, graine de kermès & ſafran par poids égal, & que le diſſolvant ſoit ou de l'eau pure bien clarifiée & même diſtillée s'il ſe peut ou de l'eſprit de miel ſur une livre de cette forte teinture, mélez une once d'eſprit volatil de ſel armoniac, eſprit de ſang humain ou de Cerf pour le mieux. Les diſſolvans ſimples valent beaucoup mieux pour les teintures que l'eſprit de vin.

Quoique ce dernier eſprit du premier végétal ſoit employé par bien des perſonnes; cependant on ſçait qu'il épaiſſit le ſang, comme il épaiſſit tout ſyrop avec lequel on le met. Indépendamment de cet inconvénient, il faut toujours préférer les diſſolvans naturels, à ceux que l'art nous préſente.

Prenez cinquante ou ſoixante gouttes de la teinture ci-deſſus dans du bouillon gras, vin blanc, ou autre liqueur appropriée à la maladie, & ſur-tout à celle du tartre des reins, de la vessie & de la goutte.

Préparation du Quinquina contre la Gangrêne.

Faites infuser deux ou trois fois vingt-quatre heures, deux onces de Quinquina en poudre, dans deux livres d'esprit de vin, & en bassinez la partie malade; la circulation du sang se ranimera & la gangrêne se guérira.

Les observations de l'Académie d'Edimbourg, Tome 5. marquent que quelques Médecins ont guéri le même mal par des lavemens de Quinquina, & même en le donnant en bolus, je crois que l'infusion feroit encore mieux.

Ce Reméde est dû au hazard. Un malade avoit au-dessus du chevet de son lit, une fiole pleine d'infusion de Quinquina par l'esprit de vin. Il avoit un bras attaqué de la gangrêne, & que l'on devoit couper; la fiole tomba sur ce bras, se cassa & l'infusion s'étendit tout le long du bras, qui reprit force & couleur favorable. Il y a environ douze ans que l'on fit cette découverte.

Eau clairette contre la Gangrêne.

Encens mâle & mastic bien net ; girofle, galenga, canelle, cubébes deux onces de chaque ; bois d'aloës, le tout bien pulvérisé. Mettez en une cornue & versez dessus deux onces de térébentine de Venise, avec une once de miel blanc, & quatre livres de bonne eau-de-vie. Laissez infuser & digérer le tout vingt-quatre heures ; distillez au bain-marie ; d'abord vous tirerez une eau clairette c'est la bonne : la seconde eau est blanche, mais vous les mêlerez ensemble, pour vous en servir.

Il faut pour l'usage la faire un peu tiédir, & en laver la partie malade, & y laisser charpie ou linge imbibé de la même eau, que vous renouvellerez au bout de six heures.

Si après avoir tiré votre eau, vous poussez le reste de votre matiére à feu de sable, il en sortira une huile fort vulnéraire, qui est sur-tout admirable pour les vieilles playes & ulcéres invétérés.

Pierre médecinale & vulnéraire.

Prenez du salpêtre du plus fin.	Une once de chaque.
Céruse.	
Alun de Roche.	
Bol d'Armenie.	

Sel armoniac, une once & demie.

Colchotar, demi-once.

Pilez le tout ensemble & le réduisez en forme de farine, que vous mettrez en un grand creuset, parce que la matiére venant à gonfler pourroit sortir du vase. Mettez par dessus a la hauteur de deux doigts, du plus fort vinaigre distillé. Faites bouillir à feu lent, jusqu'à la consommation de toute l'humidité, ainsi à feu plus fort sur la fin. Il se formera une pierre que vous garderez pour les besoins. Cette pierre tient presque de l'universel & toute personne indépendamment des chirurgiens, en peut faire l'application surtout pour le dehors en la maniére suivante. Il y a trois moyens de s'en servir sçavoir, en poudre dans de l'eau contre toute inflammation, défauts du cuir, douleurs, ulcéres. Mais il faut employer de l'huile pour les tumeurs. On met de cette pierre en poudre dans les chairs écartées, blessures profondes, hémorragies: & pour cela il faut en mettre une once dans un linge; la faire bouillir cinq où six heures dans de l'huile ou dans de l'eau & se servir de l'un & de l'autre sans ôter le linge de l'huile. Ce reméde est assuré en bien des occasions pressantes. Mais qu'il me soit permis d'y faire une observation.

Observation sur cette Pierre.

Mais pour rendre cette pierre utile pour l'intérieur, je supprimerois le colchotar, & je mettrois en place demi-once d'antimoine diaphorétique, une once d'esprit de sel & autant d'huile de vitriol, la plus rectifiée, & l'un & l'autre dulcifié elle ne seroit pas moins essentielle pour beaucoup d'affections intérieures.

Fébrifuge.

Prenez une dragme de bayes de liérre, cueillies dans leur maturité : tenez-les en digestion dans un bon verre d'eau de chardon bénit; en un matras bien bouché pendant vingt-quatre heures. Passez le tout, pressez le marc & mettez-y un peu de sucre en poudre. Prenez ce reméde dans l'entrée de l'accès jusqu'à parfaite guérison.

Contre la Fiévre-Quarte.

Prenez demi-gros de vieille thériaque; trente gouttes de teinture de quinquina par l'esprit de vin, poudre de vipére; sel volatil de corne de cerf quinze grains de chacun : diaphorétique minéral vingt grains. Mêlez le tout & en faites de petites pilules que vous donnerez à l'entrée de l'accès. Le tout ne fait qu'une dose.

Après quoi vous prendrez un bon verre de vin d'Espagne, ou autre bon vin auquel on peut mêler un peu de sucre : ou du moins faut-il prendre un bon consommé, ou quelque boisson convenable qui excite la sueur. Ce reméde ne manque jamais son effet à la troisiéme prise.

Autre Reméde contre la Fiévre-Quarte.

Prenez de l'antimoine diaphorétique que vous aurez fait avec soin ; quand vous l'aurez bien édulcoré faites le bouillir dans de l'eau salée pendant six heures. Versez le tout dans une grande terrine pleine d'eau commune ; renouvellez cette eau toutes les vingt-quatre heures, jusqu'à six fois. Après quoi vous dessécherez votre poudre. Ce diaphorétique est supérieur à celui qui se fait à l'ordinaire. L'eau salée contribue à augmenter sa vertu & ouvre les soufres de l'antimoine ; & l'on sçait combien il est aisé d'édulcorer cette matiére.

Autre Reméde contre la Fiévre.

Dans vingt grains d'extrait de Geniévre, mêlez sept à huit gouttes de baume du Pérou & dix grains de safran oriental, mettez-y un peu de sucre & l'avallez dans du pain à chanter le matin à jeun en liqueur chaude & par dessus un bon verre de vin ou autre boisson convenable.

Remède contre la Jaunisse.

Sel volatil de corne de cerf ; poudre de vipéres, quinze grains de chaque, vieille thériaque un gros. Sirop d'œillets une once. Mêlez le tout dans un mortier de marbre, & y versez trois ou quatre gouttes d'essence de romarin, autant de graisse de vipéres ; demi-once d'eau thenacale, trois onçes d'eau de chardon bénit. Vous le prendrez au lit & vous couvrirez raisonnablement pour exciter la sueur en trois prises on sera surement guéri de la Jaunisse ; chose éprouvée. On pourra mettre un jour d'intervalle entre chaque prise & se bien nourrir.

Pour empêcher d'être marqué de la petite vérole.

Prenez un chien, lui coupez l'oreille & du sang qui en coulera, oignez-en les boutons quand ils commenceront à se dessécher, humectez-les en ainsi plusieurs jours. Et laissez tomber la croute d'elle-même.

Autre Remède pour le même sujet.

Appliquez sur les boutons, de l'huile d'amendes douces suffisamment & y mettez des feuilles d'or battu, que laisserez tomber d'elles-mêmes ; l'épreuve en a été faite plusieurs fois & a réussi.

Pour empêcher qu'un enfant ait jamais la petite Vérole, Rougeole où autres maladies provenant de la corruption du Sang Menstruel.

Lorsque l'enfant est né & que la sage femme va lier & couper le cordon umbilical, il faut qu'elle ne serre pas d'abord le fil avec lequel elle le doit lier : mais étant prête a nouer, elle fera monter & sortir avec les doigts & le pouce tout le sang qui sera à la racine du nombril. S'il y demeure, il se corrompt & cause toutes les gales, clouds, abcès & tumeurs qui viennent aux enfans & mêmes aux adultes, parce qu'il ne sçauroit se convertir en la substance de l'enfant ; mais c'est un mauvais levain, qui gâte ce qu'il y a de bon dans un sujet & il faut qu'il sorte comme on le voit arriver tous les jours avec danger. Après que ce sang est sorti la sage femme peut serrer le fil & couper le cordon umbilical : & dès que sa racine sera exactement purifiée, l'enfant sera exempt de toutes ces maladies, quand même il seroit nourri au milieu de ceux qui en seroient attaqués.

Remède certain pour faire sortir la petite Verole, & en dissiper les vapeurs Vénéneuses.

Prenez une once de pepins de citron & une once & demi de chardon béni, ou de scabieuse, ou même de *virga aurea* puis l'adoucissez avec deux ou trois onces de syrop de citrons & en boirez souvent plein un petit verre à la fois.

Autre Remède éprouvé pour la même maladie.

Prenez deux ou trois grains de safran bien séché faites en un nouet que vous mettrez en un linge fin un peu clair. Vous le ferez infuser dans du vin blanc jusqu'à ce que toute la teinture en soit extraite. Pressez la fortement & donnez cette liqueur au malade qui se doit tenir chaudement dans le lit.

S'il a mal à la gorge vous prendrez le quart d'une cuillerée de safran séché que vous ferez bouillir dans un demi-septier de lait mesure de Paris. Lorsque ce lait sera jaune, vous y ferez bouillir un morceau de linge jusqu'à ce qu'il soit bien teint & l'appliquerez chaudement à la gorge sous le menton. Dès qu'il sera refroidi, vous en ferez bouillir un autre dans le même lait & l'appliquerez de même. Ce reméde ôte toute la douleur du gozier en huit heures de temps.

Donnez-vous de garde d'oindre les pustules & les boutons ou gales avec aucune graiſſe, mais quand tout commencera à ſécher, vous les frotterez avec de bon *unguentum album*, c'eſt le moyen le plus ſûr pour empêcher les marques de cette fâcheuſe maladie.

Pour faire ſortir heureuſement la petite Vérole.

Prenez des racines de perſil, pilez-les & les faites bouillir dans du lait donnez-en au malade; & la petite vérole ſortira heureuſement & ſans danger. Reméde éprouvé & d uſage en quelques Provinces.

Reméde contre la petite Vérole.

Dans deux onces d'eſprit de vin, faites diſſoudre deux gros de ſel volatil, de corne de cerf; & mettez dix à douze gouttes de ce mêlange dans les bouillons ordinaires. Au défaut de ce ſel volatil, prenez le double de poudre de vipéres ou de ſel volatil d'urine.

Pour relever l'Inteſtin.

Mettez quelques gouttes d'eſprit de ſoufre dans de l'eau de plantin. Il ne faut pas que la langue s'apperçoive de l'atidité : avec quoi bassinez le boyau avec une épongo fine, l'espace d'un miséreré & remettez le boyau en sa place. La même chose est très-bonne contre la luette relâchée.

Contre l'Extinction de Voix.

Suc de mauve ou de reglisse une once. Sucre candi deux dragmes. Faites les dissoudre en mussilage de gomme adragant & en formez des pilules que vous prendrez de temps-en-temps.

Contre les Entorces.

Prenez des orties bien pilées, poudrez les de sel en poudre subtile & les appliquez sur la partie. Reméde très-éprouvé.

Autre contre le même mal.

Prenez un ou deux harangs blancs ; ôtez-en les arrêtes & les épines, pilez-les & les appliquez sur la partie affligée.

Contre les Erésipelles, Reméde Polonois.

Soupoudrez du blanc d'Espagne sur du papier bleu d'Hollande & l'appliquez sur la partie malade. Quoiqu'on puisse croire que le papier bleu n'y fait rien, cependant cette poudre ainsi appliquée a fait de très-belles cures & très-promptes, même pour la goutte enflammée. Ce remède est très usité en Pologne.

Autre contre le même mal.

Prenez de la céruse.	Quatre onces de chaque;
Alum de roche.	
Vitriol blanc.	

Bol d'Arménie demi-once.

Safran oriental, un gros.

Faites bouillir le tout dans demi-livre de suc de plantin jusqu'à l'entiére évaporation du suc. Il s'en formera une matiére séche, dont vous mettrez sur la partie enflammée après l'avoir bassinée d'eau rose: & en peu de temps les douleurs & le mal cesseront.

Pour faire sortir l'arrière-faix.

Prenez un gros de zédouëre en poudre; mettez-le en un bouillon & le faites prendre à la femme, & en peu de temps l'arriére-faix sortira. Reméde immanquable éprouvé plusieurs fois.

Pour faire sortir l'enfant mort.

Prenez de la semence de bardana ou *lapatum majus*, un gros en poudre & la donnez à boire dans du bon vin.

La semence de géroflié jaune & sauvage

fait le même effet, aussi bien que la myrrhe & la zédouëre.

Contre la Surdité & dureté d'Oreilles.

Prenez suc d'oignon blancs, fiel de bœuf, ou taureau s'il se peut parties égales & un quart d'huile de laurier. Battez le tout ensemble & en coulez tous les soirs quatre ou cinq gouttes dans l'oreille, bouchez-la ensuite avec un linge ou du coton & vous en serez soulagé.

Autre Reméde contre le même mal.

Prenez fiel de bœuf, urine de bouc & au défaut de ce dernier prenez esprit volatil d'urine, parties égales; mêlez & battez le tout ensemble & en mettez dans l'oreille tous les soirs & vous vous en trouverez bien.

Contre la douleur des Dents.

Bassinez l'endroit de la douleur avec le suc de pariétaire & vous serez guéri. Reméde éprouvé.

Contre les pertes de Sang des femmes.

Il faut un gros de poudre de Lysimachia, cinq grains d'alun en poudre, & les mêlez dans de la conserve de coings & en donnez tous les matins à jeun la même quantité jusqu'à guérison. Remède éprouvé.

Sumifuge contre les fleurs blanches sans malignité.

Prenez parties égales de sabine & de sauge & sur quatre parties desdittes herbes, mettez un poids d'ambre jaune en poudre. Recevez cette fumée deux fois par jour, pendant une demi-heure ; mais avec la précaution que la partie affligée en ressente les effets.

Autre Remède pour arrêter les fleurs blanches & rouges.

Feuilles de mente en poudre. D'hyssope en poudre. De mille feuilles en poudre.	Une once de chaque.
Fleurs de grenadier. Noix de Cyprès.	Une dragme de chaque.
Terre sigillée. Sang de dragon.	Deux dragmes de chaque.

Le tout bien mêlé. La dose du tout est une dragme dans trois onces d'eau de plantin, avec un peu de sucre rosat : une demi-heure après, prenez un œuf dur.

Remède admirable pour la Paralysie & Apoplexie.

Prenez de l'impératoire, une livre.

Salsepareille & castoreum, demi-once de chaque en poudre.

Fleurs de lavende & de sauge, une livre de chaque.

Mettez le tout en un vaisseau de terre vernissé ou de verre, & y versez de bonne eau-de-vie, tant qu'elle surnage de deux doigts. Bouchez-bien le vaisseau & le mettez quatre ou cinq jours en digestion, remuant le vaisseau six ou sept fois le jour. Laissez réfroidir & y mettez neuf onces de camphre dissout dans une livre d'esprit de vin. Etant bien remué, vous le passerez par la manche & le garderez bien bouché en un lieu froid. Frottez-en bien toute la tête & sur-tout le derriére du col.

Ce reméde n'est pas moins bon pour toutes les contractions ou foiblesse de nerfs. Il est également utile pour les maux de tête en se frottant les tempes, & même pour toutes les douleurs des parties affoiblies.

Autre Remède simple & certain pour la Paralysie.

Vous prendrez des oignons blancs, que vous couperez fort menus. Mettez-les dans un pot de terre légérement couvert & puis dans un four ou vous les remuerez de temps-en-temps. Laissez les cuire jusqu'à ce qu'ils soient bien mols & comme en marmelade. Vous en ferez un cataplasme que vous appliquerez sur les membres paralitiques, changez les toutes les heures & continuez jusqu'à guérison.

Autre Remède éprouvé contre la Paralysie.

Prenez une chopine de la plus forte moutarde que vous ferez sécher au four; puis sur un réchaud de maniére qu'on puisse réduire en poudre subtile; vous la mêlerez avec demi-once de poudre de bétoine & un peu de sucre candi en poudre, & en prendrez dix jours de suite.

Cordial très-simple.

Prenez fleurs d'*Orminum*, c'est l'orvale ce qu'il vous plaira; mêlez avec de la lie de vin, & laissez les digérer quatre jours puis distillez; mettez la distillation sur de nouvelles fleurs & réïtérez la distillation trois à quatre fois sur de nouvelles fleurs.

La dose de cette liqueur est de deux ou trois gouttes dans du thé, du vin ou autre liqueur appropriée. Avec cette liqueur on fait du vin muscat excellent. Il faut pour y réussir faire un beau syrop de bon miel blanc, avec des raisins de caisse clarifiés, avec blanc d'œuf & animés de cette essence. Pour cent pintes de vin deux gros de cette essence suffisent. Quant au plus ou moins de syrop, cela dépend de la nature du vin blanc que l'on employe. C'est ainsi que les Allemands fabriquent leurs vins muscats. *Chambon, Traité des Mines.* pag. 495.

Pour faire du Vinaigre avec de l'eau.

Ayez un tonneau avec une ouverture assez grande au-dessus. Sur quatre-vingt-dix pots d'eau mettez environ vingt pots de vinaigre très-fort. Mêlez bien le tout avec un baton pendant trois jours, trois ou quatre fois le jour. Ajoutez-y quinze pots de vin très-vert que vous mettrez peu à peu en différens jours. Ajoutez quatre onces de pirétre, & autant de poivre de Guinée chacun en poudre que vous mettrez en un sachet de toile claire que vous suspendrez dans le tonneau, & il en sera plus fort.

Obſervez de ne pas faire ce vinaigre à la cave, ni ſur terre, mais que votre futaille ſoit un peu élevée au-deſſus du plancher, & que ce ſoit en un lieu un peu chaud s'il ſe peut. Quand vous aurez tiré la moitié de votre vinaigre vous pourrez y ajouter de l'eau autant que vous aurez tiré de vinaigre, ou tant que vous jugerez à propos, & laiſſez incorporer & aigrir le tout.

Poulet préparé pour la Poitrine.

Prendre un Poulet maigre, le plumer & vuider; l'emplir de raiſin de Corinthe & d'herbe pulmonaire, le faire cuire dans un pot neuf avec trois chopines d'eau que vous réduirez à moitié.

Prendre le tout, le preſſer dans un torchon blanc de leſſive; en tirer toute la ſubſtance; la mettre dans un plat ſur le feu, avec trois onces de ſucre candi; faire bouillir le tout enſemble, & quand le ſucre eſt fondu, mettre ce ſyrop ou gelée dans un pot, & en prendre de temps-en-temps une demi cuillerée ſur tout à jeun.

Autre Remède pour le même mal.

Prenez une Poularde dans laquelle vous mettrez, conſerve de roſes une once, conſerve de bourache & de bugloſe demi-once de chaque.

Pepins de pommes de pins & de pistaches pilées demi-once de chaque.

Karabé ou ambre jaune en poudre demi-once ; coufez bien le ventre de la Poularde, & la faites bouillir dans trois pintes d'eau, avec une poignée d'aigremoine, d'endives, & de chicorée. Racines de fenouils, racines de capres, de gros raisins bleus, sans les pepins de chacun une poignée.

Quand la Poularde fera presque cuite, tirez-la & la pilez en un mortier de marbre ; puis la remettez dans son bouillon pendant un demi quart d'heure. Passez cette composition, & y joignez un peu d'eau de roses rouges, avec une chopine de vin blanc, & en buvez un verre le matin à jeun dans le lit ; dormez si vous pouvez ou du moins reposez-vous.

Pour la vessie des femmes, déchirée dans l'accouchement.

Prenez de la poudre de Crapaux qui aura été calcinée, mettez-la dans un petit sac de toile ou de taffetas qui sera attaché au col de la femme, de maniére qu'il touche la peau à nud vers le creux de l'estomac. Tant qu'elle portera cet amulette, elle ne sentira aucune douleur. Observez de changer de poudre & de sac tous les mois ; parce que la vertu de la poudre se perd insensiblement. *Reméde éprouvé.*

Reméde contre la Pierre & la Gratelle.

Prenez une cuillerée de miel vierge, le plus blanc que vous pourrez avoir, vous le mêlerez dans un petit verre d'eau de geniévre, & la donnerez au malade. Peu de temps après, la Pierre & Gratelle sortiront, & le passage de l'urine sera ouvert. Continuez ce Reméde jusqu'à parfaite guérison.

Cloportes préparés contre la Pierre.

Prenez des Cloportes ce qu'il vous plaira, que vous laverez dans de bon vin blanc, vous les mettrez en un vaisseau de verre comme cucurbite bien luttée tout autour, & les ferez sécher au four après que le pain en sera tiré, de maniére qu'ils se puissent bien mettre en poudre déliée; il faut ensuite les arroser de bon vin blanc, ce que la poudre en pourra prendre, sécher au four pour la seconde fois, réitérez la même chose une troisiéme fois. Puis arrosez trois fois cette poudre avec de l'eau de Fraise, y mêlant un scrupule, c'est-à-dire, vingt-quatre grains d'esprit de vitriol, & séchez derechef; gardez cette poudre dans un flacon de verre bien bouché.

Usage de cette Poudre de Cloporte.

Prenez une dragme, c'est-à-dire, un gros de cette poudre préparée, & tout au plus quatre scrupules: demi-once d'eau-de-vie, & neuf ou dix onces de bouillon de poix chiches rouges; le malade prendra cette dose cinq heures avant le repas. Voici l'effet du remède. Tout le corps s'échauffe l'espace de deux heures; le malade se sent tourmenté & altéré, ne pouvant presque demeurer en place; on sent des douleurs au fondement, cinq heures après on commence à uriner un peu épais.

Le jour suivant on prend le meme remède, & il en arrive comme la premiére fois; les urines deviennent encore plus épaisses.

Le troisiéme, on continue le remède, & l'on rend quantité de sable; le septiéme jour le sable est si abondant, qu'il semble être dissout en eau, & au neuviéme jour on est guéri.

Voici l'histoire de ce remède. Le fils d'un Imprimeur de Rome étoit malade de la pierre; après plusieurs remèdes inutilement éprouvés, il étoit résolu à la Taille. Il fit venir un Prêtre pour se confesser & recevoir les Sacremens; c'étoit un Jésuite, il confessa le malade, & il proposa ce remède dont il avoit fait l'expérience sur lui-même & sur quelques autres. Le malade usa de ce remède : il éprouva tous les symptomes marqués ci-dessus, & fut guéri dans les neuf jours. *Digbi en ses remédes*, pag. 57.

Régime pour éviter les rechutes de Pierre & de Gravelle.

Il ne faut manger que de bon pain blanc léger & bien cuit ; s'abstenir de chair salée & épices, comme poivre, clouds de girofle & autres.

L'usage du beurre frais est salutaire, aussi-bien que l'huile d'amandes améres, & les amandes mêmes prises avec bon vin doux.

Les figues, raisins, pistaches, capres percepierre & citrons, doivent passer pour bonnes nourritures pour ces personnes.

Le bouillon de poix chiches avec persil & safran sont très-bons, les jus de citrons & oranges, leur font beaucoup de bien. Le malade doit boire à son ordinaire de vieil hydromel, ou eaux & vins néphrétiques, avec les syrops d'Althéa, raves & bétoine. Ces choses dissipent entiérement la pierre, gravelle, strangurie & difficulté d'uriner.

Hannetons préparés contre la Goutte & la Sciatique.

Au mois de May amassez beaucoup de Hannetons, que vous sécherez doucement au four & les réduirez en poudre; sur cette poudre, versez de bon esprit de sel qui surnage de trois doigts, que vous mettrez en digestion pour en extraire la teinture. Vuidez cet esprit lorsqu'il sera teint, & en mettez de nouveau tant qu'il tirera la teinture, & n'employez d'esprit de sel que ce qu'il en faut pour vos teintures. Filtrez ces teintures tant qu'elles ne feront plus de sédiment. Puis faites dissoudre deux onces de sel de tartre, dans une quantité suffisante d'esprit de sel. Filtrez & mélez avec vos teintures, digérez à lente chaleur l'espace de huit jours. Separez les féces par filtration, & gardez vos teintures en un verre bien bouché.

Voici la maniére d'employer ce reméde: prenez-en intérieurement dans de l'hydromel d'abord deux ou trois gouttes, augmentez la dose de jour en jour, jusqu'à ce que vous sentiez de la cuisson en urinant. Alors diminuez la dose insensiblement tant que vous n'en sentiez plus. Continuez encore trois ou quatre jours. Après quoi vous prendrez de l'antimoine diaphorétique, & vous purgerez le jour ſuivant avec demi-dragme de poudre de racine de jalap, & un ſcrupule de creme de tartre en poudre ſubtile, que vous mêlerez bien enſemble avec ſyrop laxatif de roſes, le matin à jeun. Cette Médecine purge par les ſelles toutes ſortes de gouttes.

Limaçons préparés contre les Ecroüelles.

Prenez des Limaçons de jardins ou de vignes à coquilles griſes ou blanches. Pilez-les en un mortier avec un peu de perſil, juſqu'à ce qu'ils ſoient en conſiſtance d'emplâtres, que vous appliquerez ſur les écrouelles, & en changerez tous les jours; ce reméde n'eſt pas moins utile pour appaiſer les douleurs de la goutte.

Limaçons préparés pour la Poitrine.

Prenez des mêmes Limaçons gris ordinaires de vignes ou de jardin : faites leurs jetter leur gourme en eau chaude en trois différentes fois pour les bien purger.

Puis faites les bouillir dans une pinte d'eau, dont vous ferez évaporer les deux tiers. Paſſez & preſſez l'eau reſtante. Coupez-la avec pareille quantité de lait, demi-ſeptier de chacun. Prenez-en pendant deux mois tous les matins à jeun, & ſerez guéri des ulcéres & autres vices du poulmon ou de la poitrine.

Miel

Miel préparé pour la Toux & le Poulmon.

Faites fondre dans un pot de terre verniſſé de très-bon miel, ôtez-le du feu & y mettez deux onces & demie de fleurs de ſoufre, autant d'énula campana & de régliſſe, l'un & l'autre en poudre, & autant d'eau-roſe, remuez bien le tout pour l'incorporer. Vous le mettrez dans un pot de fayence, & de temps-en-temps, ſurtout ſoir & matin, vous en mettrez & laiſſerez fondre dans la bouche la groſſeur d'une noix ; & ce remède ſimple, ou guérira, ou du moins adoucira votre toux & la rendra ſupportable.

Eau des Philoſophes, priſe d'un Livre François écrit à la main.

Prenez vitriol Romain une livre, ſel nitre demie-livre, cinabre trois onces, pulvériſez ſubtilement, mêlez & diſtillez par alambic, qui ſera mis en une terrine : empliſſez cette terrine de cendre criblée, de laquelle environnerez toute la matiére contenue dans l'alambic : puis faites deſſous un feu clair & doux, & amaſſez l'eau qui diſtillera. L'eau première ſera dite parfaite, quand le col de l'alambic ſe montrera blond ou jaunâtre au-deſſus : alors ſéparez l'eau ſeconde de la premiére, & les gardez chacune à part: cette eau a des vertus infinies, elle sert pour dorer les verres, morions, armûres, couteaux, épées, & choses semblables, pour écrire lettres, peindre feuilles, ou tels autres ornemens procédant à la façon qui s'en suit. Premiérement vernissez la chose que vous voudrez dorer, séchez-la incontinent près le feu, puis avec une touche aigue qui soit de bois bien dur, peignez ou écrivez ce qu'il vous plaira, après mouillez ce qu'avez peint ou écrit avec l'eau susdite, & l'y laissez quelque temps, puis approchez-le près d'un feu qui soit doux pour le commencement, qu'augmenterez incontinent après, sitôt qu'il sera échauffé, essuyez-le avec linge rude, & le nétoyez du vernis. Pour blanchir le cuivre ou laiton, faites le bouillir dans cette eau, & il paroîtra tout argenté. Pour guérir porreaux, lentilles, ôter excrescence de chair en quelque lieu qu'ils soient, ouvrez le lieu avec une aiguille, & y insinuez une goutte de cette eau, incontinent ces porreaux, lentilles, ou excrescences de chair tomberont. Pour les fistules & apostumes, mettez-y une tente baignée en cette eau, en moins de deux jours, elle séchera entiérement les fistules, ôtant la mauvaise chair, & faisant naître la bonne.

Pour ouvrir apostumes sans ferrement, vous prenez cire blanche, faites emplâtre trouée au milieu, appliquez-la sur le lieu malade, puis mettez-y un peu de cette eau par le trou de l'emplâtre, l'apostume s'ouvrira incontinent. Elle mollifie le coral, & pour ce faire, prenez l'une ou l'autre de ces deux eaux, ou les deux ensemble, mettez-y tant de coral que vous voudrez, après qu'il sera mollifié, donnez-lui telle forme qu'il vous plaira, il reviendra incontinent en sa couleur naturelle.

Maniére de faire le Savon.

On fait ordinairement de trois sortes de Savon, du blanc, du noir & du marbré. *Le Blanc* nommé Savon de Gennes, se fait avec de la cendre, de la soude d'Alicant, de la chaux & de l'huile d'olive. *Le Noir* est fait des mêmes matiéres, mais on n'y employe que la crasse, la lie ou le tartre des huiles. *Le Marbré* se fait de soude d'Alicant, bourde & chaux: & lorsqu'il est presque cuit, on prend d'une terre rouge qu'on appelle cinabre, avec de la couperose qu'on fait bouillir ensemble. Après quoi on les jette dans les chaudiéres où est le Savon; ce qui fait une marbrure bleue, tant que la couperose tient le dessus: mais lorsque le cinabre a absorbé le vitriol, cette couleur bleue se change en rouge.

Pour former donc le Savon, on fait des lessives de ces sortes de matiéres : & quand les lessives sont assez chargées ; ce que les apprentifs connoissent lorsqu'elles soutiennent un œuf ; les Experts en jugent par le goût & le temps qu'on y a employé. Pour lors ils jettent ces lessives dans des chaudiéres proportionnées à leurs matiéres, & ils versent en même temps des huiles en Provence & en Languedoc ; en Allemagne on y met de la graisse, & en Angleterre des huiles de Poisson.

Dès que cela est fait, on cuit le tout à grand feu, & en dix-huit ou vingt jours, les huiles se trouvent chargées de tous les sels de la lessive ; & le reste de l'eau devient insipide. Il y a des Robinets au fond des chaudiéres, par lesquels on sépare cette eau, & on tire ensuite le Savon qu'on place sous des hangars pour lui donner une consistance plus forte, & telle que nous la voyons.

L'usage du Savon est de s'en servir pour emporter les crasses attachées à certaines matiéres, soit qu'elles les ayent dans leur origine, ou qu'elles ne les ayent que par accident : & par le Savon elles sont dépouillées de ces crasses & impuretés. La soye, par exemple, quoique jaune ordinairement dans son origine, est parfaitement blanchie par le Savon. Et l'usage qui se fait du Savon pour le linge, est une preuve palpable de ce que je dis. Il est cependant à remarquer que les sels & ces seules lessives peuvent blanchir sans le secours des huiles ; mais les huiles servent à empêcher que les sels ne brûlent les matiéres sur lesquels ils agissent ; & d'un autre côté, l'eau dans laquelle on trempe le Savon pour s'en servir, ne détache les sels dont il est rempli que peu-à-peu, parce que les huiles les tiennent étroitement liés. Ainsi ils ne se séparent des parties oléagineuses qu'insensiblement ; & par-là on peut les promener par-tout où l'on veut, & l'onctuosité met à couvert les corps, & empêche qu'ils ne soient offensés par les sels caustiques qui sont joints avec l'huile.

On trouve à Marseille près de Notre-Dame, de la garde, des filons d'une Mine de Savon, qui se dissout dans l'eau & la blanchit, qui nétoye le linge & les étoffes comme le Savon artificiel; cette matiére est grasse & limonneuse & il semble que la nature ait fait elle-même l'assemblage des matiéres nécessaires pour le composer.

Voyons maintenant si l'on peut tirer de ces opérations des secours pour la Médecine. Le propre des sels fixes est de diviser les parties du sujet, & d'en enlever certaines matiéres superflues ou impures.

Les Médecins ſont quelquefois obligés de les employer pour nétoyer le dedans & le dehors du corps humain, ſur-tout lorſqu'ils veulent faire fondre des duretés & emporter des matiéres qui empêchent la filtration des liqueurs, & forment ce qu'on appelle des obſtructions. Et comme il faut qu'ils ſe portent juſqu'aux derniéres digeſtions, il faut alors les embarraſſer par des matiéres onctueuſes, & en faire la liaiſon par le feu ou quelque action équivalente à ſon activité. C'eſt ſur ce principe que je donne la préparation ſuivante.

Remède contre le Tartre fixe.

Prenez deux onces d'huile d'amandes douces & trois onces de ſuc de limons, agitez-les enſemble juſqu'à ce que le tout acquiére une conſiſtance de miel : mêlez-y une demi-once de ſucre, le tout étant bien incorporé, faites-en deux priſes que vous donnerez à deux heures de diſtance l'une de l'autre.

Il faut que cette compoſition faſſe un corps ſavoneux, qui eſt très-bon contre le tartre des reins & de la veſſie. On les réïtére ſelon le beſoin, ſuivant poids & méſure. Le citron eſt une eau-forte naturelle qui diſſout les perles & les coraux; & ſon acide ou tartre ſubtil, eſt très-propre à donner de la fluidité aux tartres coagulés ou fixes qui se trouvent dans le corps humain. L'huile d'amandes douces est employée pour empêcher l'action trop vive de ce limon. On sçait que dans les maladies, celle du tartre soit dans le gravier, soit dans la pierre, soit même dans la goutte, est une des plus fâcheuses. L'acide du citron le rompt & le brise, & l'huile sert à le faire couler par les conduits ordinaires. *Chambon*, *Traité des Mines*, pag. 221.

Autre Remède contre le même mal.

Vous aurez de la térébentine de Venise, que vous ferez bouillir une heure dans de l'eau de Riviére. Prenez dix grains de cette térébentine, mêlée avec cinq grains de sel d'absynthe. Usez de cette dose tous les matins, & par-dessus buvez un bouillon gras, où l'on aura fait cuire des racines de persil. *Chambon*, *ibidem*. pag. 228.

DIFFÉRENCES

Qui se rencontrent entre les Chymies de le FEVRE & de GLASER.

I.

Degrés de Feu.

LES préliminaires essentiels de ces deux Auteurs, qui ont vécu en même temps sont à peu près les mêmes, ils ne commencent à se différencier que sur les degrés de feu, mais cette différence est peu considérable ; le Févre qui établit neuf degrés de feu, place le premier au feu le plus fort & le plus actif, qui est celui de flamme ; au-lieu que Glaser commence par le plus foible, ce qui est beaucoup plus naturel. On ne va pas dans ce genre du plus fort au plus foible, mais bien du plus foible au plus fort ; & Glaser n'en met que sept degrés ; c'est néanmoins la même chose, parce que ce dernier y ajoûte encore comme subsidiaires quelques autres espéces de feu comme celui de lampe, de fumier, de soleil. Mais on ne se

Modeles de Fourneaux tirez de Glaser.

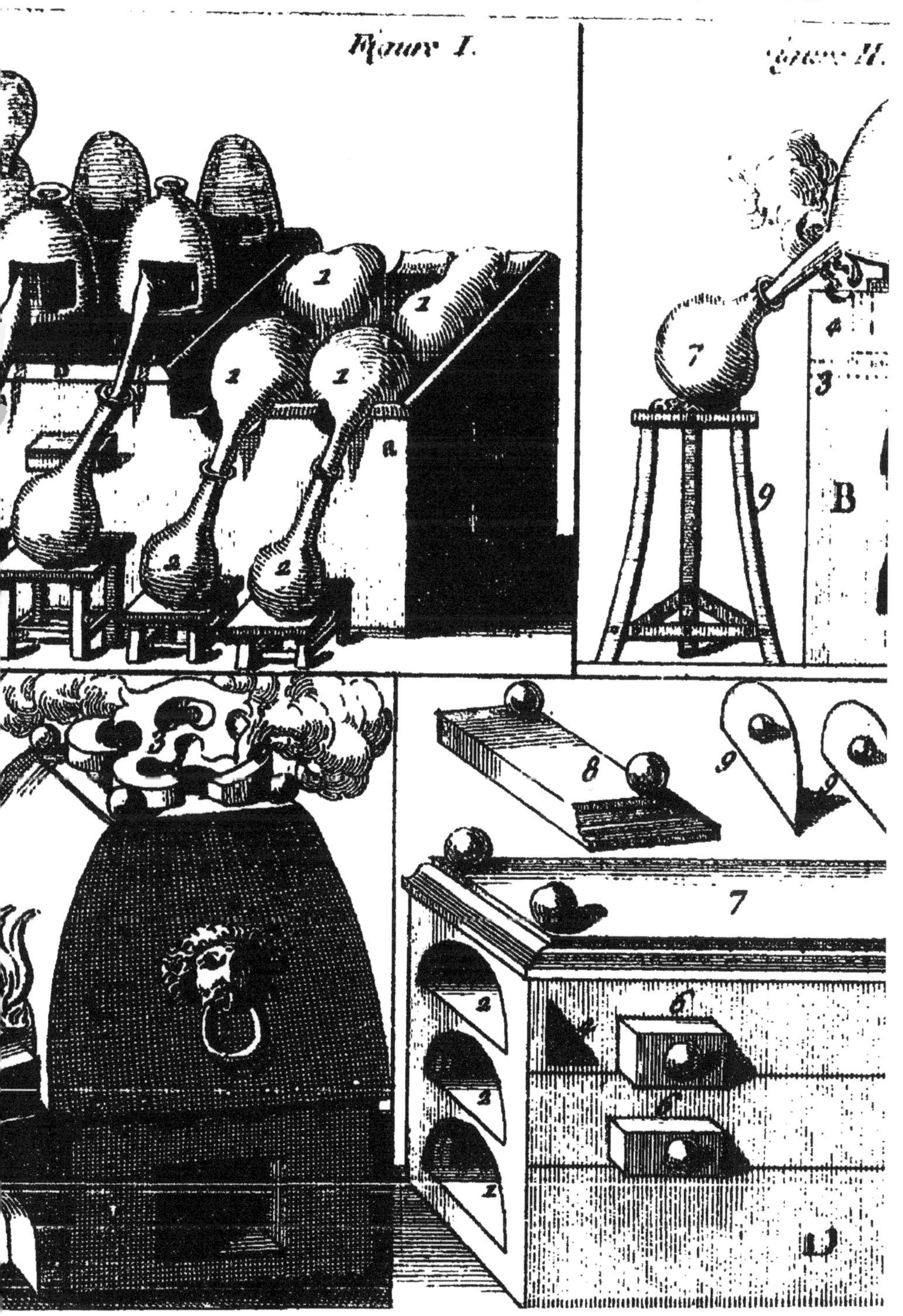

Explications de la Troisieme

ᵉ I. A. Grand Fourneau à divers usages.

la premiere partie du fourneau, où l'on distille
r la Cornuë, soit aux cendres, soit à feu nud.
nde partie du fourneau pour distiller à l'Alam-
par le sable ou la cendre.
sieme partie du fourneau propre aux digestions.
les cornuës posées dans le fourneau échancré.
les récipiens des Cornuës.
e du foyer. 4. Porte du Cendrier.
e la partie a. et la partie b. il doit y avoir
uvertures pour donner passage à la chaleur;
ne il doit y en avoir entre la partie b. et la
ie c. où se doivent faire les digestions.
erture pour le passage de la fumée.

Figure II. B.

1. Porte du cen
3. Barres de fe
4. Capsule de
5. Vaiss.ᵃ de cuivr
6. Chapiteau po
8. Registres po

Figure III

1. Passage pou
2. Partie supér
3. Couvercle à
4. Pieces de terr
5. Mouffle qui

ure IV. D. Fourneau de reverbere. 1. Foyer où l'on met le
matieres à reverberer. 3. Ouverture par où la flamme entre
verture par où la flamme entre au deuxieme étage. 6. Grand
Plusieurs petites portes pour examiner les matieres que l'on rev
uvercle pour menager le feu. 9. Portes pour boucher les deux étage

plications de la Troisieme Planche :

divers usages.

au, où l'on distille

, soit à feu nud.

distiller à l'Alam-

pre aux digestions.

urneau échancré.

Cendrier.

. il doit y avoir

sage à la chaleur;

la partie b. et la

digestions.

la fumée.

Figure II. B. Pour distiler les herbes sans

1. Porte du cendrier. 2. Porte du foyer.

3. Barres de fer sur lesquelles pose la Capsule

4. Capsule de terre où l'on met ou du sable ou

5. Vais.ᵃ de cuivre ou autre matiere qui contient la

6. Chapiteau pour la distilation. 7. Récipient

8. Registres pour gouverner le feu. 9. Soutien d

Figure III. C. Grand Fourneau à Coup

1. Passage pour donner de l'air et faire agir le

2. Partie supérieure sous laquelle est la m

3. Couvercle à plusieurs trous pour passer

4. Pièces de terre recuite sur lesquelles on met

5. Mouffle qui contient la Coupelle. 6. La C

---

erbere. 1. Foyer où l'on met le bois. 2. Plaques de terre

Ouverture par où la flamme entre du foyer au premier étage.

ntre au deuxieme étage. 5. Grande ouverture pour faire sorti

examiner les Matieres que l'on reverbere. 7. Grand Couvercle.

9. Portes pour boucher les deux étages où sont les matieres.

trompe pas quand on a ſoin d'étudier les principes des Auteurs. D'ailleurs je trouve dans Glaſer quelques fourneaux mieux imaginés que ceux qui ſont dans le Févre, comme on le voit par la figure ci-jointe.

II.

Ordre des deux Auteurs.

Leur ordre général fait encore une différence ; les premiéres opérations de le Févre roulent ſur les météores, tels ſont la roſée, la pluye, le miel, la cire & la manne, aulieu que c'eſt par où finit Glaſer, mais ce ſont des choſes purement arbitraires. Le Févre continue donc par les animaux, d'où il paſſe aux végétaux, & enſuite aux minéraux & aux métaux, ce que ne fait pas Glaſer, mais en cela ni l'un ni l'autre ne préjudicie en rien à la bonté de ſes opérations.

III.

De l'Or.

Tous deux ſont conformes ſur la maniére de purifier l'or, cependant le détail de Glaſer eſt bien plus circonſtancié c'eſt ce qui m'engage à le mettre ici.

Purification de l'Or par la Coupelle.

Ayez une bonne coupelle faite des oſfelets de mouton calcinés, ou de la cendre commune lavée & privée de son sel alkali, mettez là dans un petit fourneau, & couvrez-la d'une moufle ou tuile, faites ensuite du feu à l'entour, & dessus la coupelle, mais moderez le feu au commencement, afin que la coupelle s'échauffe peu à peu, & ne se fende pas, & lorsqu'elle sera parvenue à la rougeur, si vous avez une once d'or à coupeller, mettez dans la coupelle quatre onces de plomb, laissez le en fusion quelque temps seul, afin que la coupelle s'en imbibe, puis vous y ajouterez l'or, lequel à l'instant se fondra dans le plomb, quoique seul il soit d'une très-difficile fusion. Cela étant fait il faut continuer le feu, & souffler incessamment sur la matiére, le plomb, entrera peu à peu comme une graisse dans les pores de la coupelle, laquelle à cette fin est faite de matiére poreuse, & entraînera avec soi les autres métaux imparfaits qui se trouvoient mêlez avec l'or, lequel se trouvera pur dans la coupelle, & haut en couleur, si ce n'est que l'or soit mêlé avec quelque portion d'argent lequel résiste à l'action du plomb aussi bien que l'or, alors il faut avoir recours à la cémentation, à l'inquart ou à l'antimoine.

Purification de l'Or par la Cémentation.

Réduisez votre or en lamines, de l'épaisseur du dos d'un coûteau ; & les coupez en piéces rondes ou quarrées, ensorte qu'elles puissent se loger toutes plattes dans un creuset, puis ayez du ciment préparé avec quatre onces de farine de briques, une once de sel armoniac, une once de sel gemme, & une once de sel commun, le tout mis en poudre & mêlé ensemble, & réduit en pâte seiche avec un peu d'urine : puis ayez un creuset proportionné à la matiére, au fonds duquel mettez un lit de ciment, & ainsi continuez à faire lit sur lit entremêlé de lamines & de ciment, que l'on appelle faire *stratum super stratum*, jusqu'à ce que le creuset soit rempli ; mais il faut toujours que la premiére & derniére couche soit de ciment, afin que les lamines en soient bien enveloppées & couvertes ; puis couvrez le creuset d'un couvercle proportionné qui ait un trou au milieu, & le mettez ensuite ainsi lutté au feu de rouë l'espace de trois heures, durant lesquelles il faut laisser le trou du couvercle ouvert, afin que l'humidité du ciment se puisse évaporer, après on lutte aussi le trou : le feu doit être modéré au commencement, puis être augmenté de dégré en dégré, & continué durant huit ou neuf heures, ensorte que les derniéres heures, le creuset soit tout couvert de charbon, après quoi on le laisse refroidir ; ouvrant le creuset vous trouverez les lamines diminuées de leur poids, parce que le ciment aura rongé & détruit tout ce qui avoit été mélé avec l'or: vous laverez bien les lamines, & les ayant mises dans un creuset, vous donnerez feu de fusion avec un peu de tartre & de salpêtre, & les réduirez en lingot.

Purification de l'Or par l'inquart.

Prenez une partie d'or, & trois ou quatre parties d'argent de coupelle, faites les fondre ensemble dans un creuset, puis versez-les dans un vaisseau de cuivre, qui soit profond & rempli d'eau, & vous y trouverez l'or & l'argent mêlés, en forme de grenaille (qui est-ce qu'on appelle granulation) seichez les grenailles, mettez-les dans un matras, & versez dessus le triple de bonne eau-forte faite de salpêtre & de vitriol, placez le matras, au fourneau de sable, jusqu'à ce que l'eau forte ait dissout tout l'argent ; ce qui se connoit quand la matiére ne jette plus de fumées rouges, & que l'or est au fond du matras en poudre noire, alors il faut verser la liqueur, qui contient en soi tout l'argent dans une terrine pleine d'eau commune, puis remettrez encore un peu d'eau forte sur la poudre noire d'or, & remettez le matras sur le sable chaud, afin que s'il y restoit quelque peu d'argent il soit dissout & séparé cette seconde fois ; versez & mêlez cette seconde dissolution avec la premiére, & les gardez ; cependant édulcorez la chaux d'or avec de l'eau, puis la seichez, & la faites rougir doucement dans un creuset, vous aurez une poudre très-haute en couleur, laquelle vous pouvez réduire en lingot par la fusion avec un peu de borax.

L'argent dissout dans l'eau-forte, & qui est versé dans une terrine pleine d'eau se précipite & se sépare, par le moyen d'une plaque de cuivre que l'on y met ; car à l'instant les esprits de l'eau forte quittent l'argent pour s'attacher au cuivre lequel ils dissolvent, & durant la dissolution l'argent se précipite ; la raison de cela est, que le cuivre étant moins compacte & plus terrestre que l'argent, est facilement pénétré par cet esprit corrosif, lequel rongeant avec impétuosité ce nouveau corps, qu'il trouve à son appétit, quitte sa premiére prise, & se charge du cuivre qu'il a trouvé le dernier, & en dévore tout autant qu'il en peut retenir. Il faut verser cette eau bleuë & empreinte de cuivre par inclination, & la garder dans une terrine, on lappelle eau feconde de laquelle les Chirurgiens fe fervent pour les chancres & autres ulcéres externes. L'argent fe trouve au fonds, lequel il faut laver, fécher, & garder fi l'on veut en forme de chaux, ou bien réduire en lingot, dans un creufet, avec un peu de fel de tartre. Mais fi on met dans cette eau feconde, qui eft proprement une diffolution de cuivre, un corps encore plus terreftre, & plus poreux que n'étoit le cuivre, tel qu'eft le fer, le cuivre fe précipitera & les efprits corrofifs de l'eau forte fe chargeront de la fubftance du fer qu'on peut auffi précipiter par quelque minéral, comme la calamine & le zink, qui font beaucoup plus terreftres & bien plus poreux que le fer: & enfin fi on verfe goutte à goutte de la liqueur de nitre fixe dans cette liqueur chargée de la calamine ou du zink, elle détruira l'acide de l'eau-forte, & fera précipiter ce qu'elle tenoit de la fubftance de ces minéraux. Remarquez que fi vous évaporez & criftallifez la liqueur, vous en tirerez de fort bon falpêtre, qui aura été récorporifié avec fon fel fixe, duquel les mêmes efprits étoient fortis.

Il femble que toutes ces expériences ne devoient être inférées dans le chapitre de l'or; néanmoins fa purification par l'inquart, nous ayant donné occasion de les communiquer, nous avons crû le devoir faire, & témoigner en cela, & en toutes choses le dessein que nous avons d'instruire ceux qui en ont besoin; étant d'ailleurs persuadés que les curieux viendront de ces expériences à d'autres connoissances, auxquelles ils eussent eu peine de parvenir sans ces lumiéres.

Purification de l'Or par l'Antimoine.

La meilleure purification de l'or, est celle qui se fait par l'antimoine; car le plomb n'emporte que les métaux imparfaits, & laisse l'argent joint avec l'or: le ciment laisse souvent l'or impur, & en mange quelque portion: l'inquart n'est pas toujours une preuve certaine de la pureté de l'or: car quelquefois il arrive que l'or ayant été mêlé avec quelques matiéres sulphureuses, leur odeur enveloppe quelque portion de l'argent, lequel on avoit ajouté à l'or pour l'inquarter: & cette portion tombe & se précipite avec l'or par le départ, & donne des étonnemens & de courtes joyes aux demi-sçavans, auxquels cela arrive, croyant avoir trouvé le moyen d'augmenter l'or; mais lorsque l'on examine le tout à fonds, ils se trouvent bien loin de leur attente. On peut être assûré que l'or qui a passé par l'antimoine, eſt parfaitement purgé & délivré de tout mélange; car il n'y a que l'or ſeul qui puiſſe réſiſter à ce loup dévorant.

Prenez donc une once d'or, tel que les Orfévres l'employent, mettez-le dans un creuſet entre les charbons ardents, dans un fourneau à vent, & lorſqu'il ſera bien rouge, il y faut mettre peu à peu quatre onces de bon antimoine en poudre, lequel ſe fondra tout auſſi-tôt, & dévorera en même temps l'or, qui autrement eſt d'une très-difficile fuſion, à cauſe de ſa compoſition très-parfaite. Lorſque le tout ſera fondu comme de l'eau & que la matiére jette des étincelles, c'eſt une marque de l'action que l'antimoine à faite pour détruire les impuretés de l'or, c'eſt pourquoi il le faut laiſſer encore un peu ſur le feu, puis le jetter promptement, dans un cornet de fer, qui ait été à cette fin auparavant chauffé & graiſſé avec un peu d'huile; & lorſque la matiére ſera verſée dedans, il faut en méme temps frapper avec les pincettes ſur le cornet pour faire deſcendre au fonds le régule: & après que la matiére ſera un peu réfroidie, il faut ſéparer le régule des ſcories, & le péſer enſuite, le mettre fondre dans un aſſez grand creuſet, & y mettre peu à peu le double de son poids de salpêtre, puis couvrez le creuset, ensorte que le charbon n'y puisse entrer, & en donnant un feu vif, le salpêtre consume tout ce qui peut être resté de l'antimoine avec l'or, & l'or se met au fonds en culot très-beau & très-pur, & on le peut jetter tout chaud dans un cornet, ou le laisser refroidir dans le creuset, lequel il faut rompre après pour séparer le culot des sels. Cette façon de purifier le régule d'or, n'est pas commune ni ordinaire; mais elle est préférable, parce qu'elle se fait plus promptement, mais elle se pratique seulement en petite quantité, la commune se fait en mettant un creuset plat au feu de fusion, & dans ledit creuset le régule d'or, & soufflant continuellement, jusqu'à ce que la partie antimoniale soit exhalée; il faut à cela non-seulement du temps, mais être exposé aux exhalaisons nuisibles de l'antimoine, qu'il est toujours nécessaire d'éviter.

Glaser donne deux opérations sur l'or; une qui est commune, se fait par l'eau régale & le mercure: l'autre étoit alors moins connuë; les voici toutes & elles serviront de supplément à ce que dit le Févre.

Calcination de l'Or.

Dissolvez une dragme d'or dans de l'eau régale, puis versez la dissolution dans une cucurbite, dans laquelle il y ait une pinte d'eau de fontaine, & six dragmes ou environ de mercure : mettez la cucurbite sur le sable chaud durant vingt-quatre heures, pendant lesquelles les esprits de l'eau régale agiront sur une partie du mercure, & laisseront tomber l'or en poudre légére & rouge au fonds du vaisseau ; & l'eau laquelle auparavant étoit devenuë jaune, à cause de l'or qu'elle contenoit, deviendra claire comme cristal : versez-la par inclination, & séchez la poudre d'or, & le mercure (lequel n'aura pû être dissout dans la petite quantité d'eau régale, nécessaire à la dissolution d'une dragme d'or, & laquelle même avoit perdu une grande partie de son action par l'eau de fontaine qu'elle avoit rencontré dans la cucurbite avec le mercure ;) séchez, dis-je, votre or & mercure dans une écuelle à chaleur lente, puis faites passer le mercure par le chamois : la poudre d'or demeurera dans le chamois : laquelle il faudra broyer & calciner avec le double de son poids de fleurs de soulphre, comme nous avons dit ci-dessus de l'or fulminant, & l'on aura une chaux d'or très-ſubtile & bien ouverte.

Poudre d'Or diaphorétique.

Faites diſſoudre dans trois dragmes de bonne eau régale, une dragme d'or fin, & lorſque l'or ſera diſſout, ajoutez-y une dragme de ſalpétre bien afiné, laquelle vous ferez auſſi diſſoudre parmi; trempez enſuite dans cette liqueur des petites piéces de linge fort délié, & les imbibez de cette liqueur tout autant qu'il en faudra pour ſuccer toute la liqueur; faites ſécher enſuite ces petits linges ainſi imbibés, à la chaleur lente du ſable, puis les allumez avec quelque petite étincelle de feu, lequel elles prennent auſſi facilement qu'une amorce, & ſe réduiront d'elles-mêmes dans une cendre légére & rouge brune, laquelle étant réfroidie vous amaſſerez ſoigneuſement avec un pied de liévre ou avec une plume, & la garderez pour l'uſage.

Cet or mondifie la maſſe du ſang par les ſueurs & inſenſible tranſpiration; il guérit auſſi les fiévres continuës & intermittentes, pris au commencement des accès ou des redoublemens; ſa doſe eſt depuis quatre juſqu'à douze grains, dans quelque conſerve en forme de bolus, ou dans un doigt de vin, ou dans quelque cueillerée de bouillon.

Cette poudre a passé entre les mains de plusieurs pour un grand secret, & ils ont voulu montrer ses vertus aux crédules qui s'arrêtent facilement aux moindres apparences; car si on frotte de l'argent avec cette poudre mouillée avec un peu d'eau elle le dore très-bien, & cette dorure est de longue durée.

IV.

De l'Argent.

Nos deux Auteurs n'ont point autant de différences sur l'argent que sur l'or; Glaser met seulement une préparation de la pierre infernale, qui est omise par le Févre. La voici donc.

Pierre infernale ou Caustique perpétuel.

Prenez deux onces d'argent de coupelle réduit en grenailles, ou lamines, ou limaille, faites dissoudre dans un matras, avec le double ou le triple de bonne eau forte; versez la solution dans une cucurbite couverte de son alambic, ou plutôt dans une petite écuelle de grais non vernissée découverte, & évaporez à la forme d'un sel jauni dans du sable, & en retirez environ la moitié de l'humidité de l'eau-forte; l'eau qui en sortira sera fort foible, parce que le corps de l'argent retient à soi les esprits les plus forts de l'eau-forte; laissez ensuite refroidir le vaisseau durant quelques heures, & vous trouverez la matiére restante au fonds de la cucurbite en forme de sel, lequel vous mettrez dans un bon creuset d'Allemagne un peu grand, à cause que la matiére en bouillant au commencement s'enfle, & pourroit renverser & se perdre; mettez le creuset sur un petit feu; jusqu'à ce que les ébullitions soient passées, & que la matiére s'affaisse au fonds, & environ ce temps-là vous augmenterez un peu le feu, & vous verrez la matiére comme de l'huile au fonds du creuset, laquelle vous verserez dans une lingotiére bien nette, & un peu chauffée auparavant, & vous la trouverez dure comme une pierre, que vous garderez dans une boëtte pour l'usage. Mais comme pour la plus grande commodité, il est besoin d'avoir des morceaux de laditte pierre de différente grosseur & de différente figure, on veut bien aider ici l'industrie des Chirurgiens, qui s'en pourront servir avec grande utilité & avantage pour des ulcéres sinueux & caverneux, où il est besoin d'introduire un morceau de ladite pierre, qui soit de la grosseur d'un ferret d'éguillette, ou d'autre figure selon l'éxigence, c'est pourquoi on avertit, avant que la matiére ſoit tout-à-fait réfroidie; qu'on la peut couper & laiſſer en telle figure que l'on voudra pour s'en ſervir ſelon le beſoin.

On s'en ſert pour les chancres, pour manger & conſumer les chairs baveuſes & ſuperfluës des ulcéres en les touchant ſeulement : & même ſi la gangrêne n'eſt pas profonde, ce reméde peut découvrir juſqu'aux parties ſaines ; ce qu'étant, on n'a qu'à laiſſer agir la nature en ſe ſervant des remédes ordinaires pour ranimer les chairs, & cicatriſer la partie malade.

L'uſage journalier dudit reméde découvrira pluſieurs autres maladies où l'on s'en pourra ſervir très-heureuſement ; & il eſt de la prudence du Chirurgien de ſe ſervir ſouvent d'un même reméde pour la guériſon de pluſieurs & différentes maladies quand les indications s'y rencontrent. Cette pierre eſt très-commo- & dure fort long-temps : on l'appelle infernale, tant à cauſe de ſa couleur noire que de ſa qualité cauſtique & brûlante, qui ſont, dit-on, ſymboles de l'Enfer.

Il faut remarquer que l'effet de cette pierre provient des eſprits corroſifs de l'eau forte que l'argent congêle & retient & qu'on pourroit faire une pierre ſemblable du cuivre ou du fer par le même moyen, si ce n'est que le fer & le cuivre étant réduits en cet état, attirent puissamment l'air & se résolvent en liqueur; ce qui n'arrive pas avec celle d'argent, car elle se maintient toujours en forme solide, & peut être portée par tout dans une boëtte; c'est pourquoi les Chirurgiens la préférent aux autres, & la mettent en usage.

V.

Plomb & Etain.

Quoique le Févre se soit plus étendu que Glaser sur les opérations du plomb, cependant il paroît que ce dernier est plus exacte sur ce qui regarde l'étain. Voici ses opérations.

Sel de Jupiter.

Plusieurs Auteurs chymiques osent assurer dans leurs écrits, (*c'est* le Févre *qui est ici critiqué*) que la préparation du sel d'étain, & celle du sel de plomb, ne différent en rien, & se doivent faire de la même façon : nous connoissons aisément par là, & par plusieurs autres choses contenuës dans leurs livres, qu'ils empruntent les écrits les uns des autres, & aiment mieux donner au public des préparations sans fondement, que d'en faire l'expérience eux-mêmes, & raisonner sur la possibilité des choses avant que de les produire. Car il est impossible de faire la dissolution de la chaux d'étain, quoi que très-bien reverbérée, avec le vinaigre distillé, lequel dissout pourtant facilement le plomb. Il est vrai que les acides très-corrosifs, comme l'eau-forte, l'esprit de nitre, &c. le dissolvent; mais comme il en faut une grande quantité sur peu d'étain, les remédes qu'on en tire, par le moyen de ces corrosifs, ne peuvent être que très nuisibles; mais si on réduit l'étain en fleurs par le moyen de la sublimation, il est alors si ouvert, que le vinaigre distillé le peut facilement dissoudre.

Prenez donc une livre d'étain fin en chaux ou limaille, & deux livres de salpêtre bien affiné, réduisez-les ensemble en poudre, & les mettez dans une cucurbite faite de bonne terre, qui puisse résister au feu: placez la cucurbite au fourneau de reverbére, bouchez & luttez le haut du fourneau à l'entour de la cucurbite, à l'exception des quatre registres, par lesquels il faut gouverner le feu, adaptez sur la cucurbite trois ou quatre pots de bonne terre, percez par le fonds, à la réserve du plus haut, lequel doit clore tout, & du plus proche de la cucurbite, lequel

lequel outre qu'il doit être ouvert par le fonds, doit avoir à côté une petite porte pour l'introduction des matiéres : luttez exactement les jointures des vaisseaux, & mettez le feu au fourneau pour chauffer la cucurbite peu à peu, jusqu'à ce qu'elle devienne toute rouge ; & pour lors avec une petite cuillere de fer, vous introduirez environ une once de la poudre, en fermant incontinent la porte, avec une piéce proportionnée de terre ou de brique, laquelle vous puissiez ôter & remettre facilement ; il se fera en même temps une fulmination ; dans laquelle les esprits volatils du salpêtre entraîneront avec eux une partie de l'étain, laquelle se sublime & s'attache aux pots en forme de fleurs blanches ; & lorsque le bruit sera passé, mettez-y de nouveau par la petite porte environ une autre once du mélange, en rebouchant promptement, & laissant passer le bruit, & ainsi continuant jusqu'à ce que toute la poudre soit employée ; & pour lors vous laisserez réfroidir les vaisseaux, & les délutterez ; alors vous trouverez les pots chargés par tout des fleurs de l'étain en forme de farine ; amassez les fleurs avec une plume, & les lavez bien avec de l'eau chaude, pour ôter toute l'acrimonie du salpêtre, & continuez les lotions, jusqu'à ce que les fleurs soient bien édulcorées, puis vous les ferez sécher à petit feu.

Mettez les fleurs ainsi séchées dans un matras, versez par-dessus du bon vinaigre distillé jusqu'à l'éminence de trois doigts sur la matiére, mettez le matras en digestion sur le sable chaud, l'espace de trois jours, versez par inclination la dissolution dans un autre vaisseau, & remettez de nouveau vinaigre distillé, sur la matiére restante dans le matras, & le mettez encore sur le sable en digestion comme auparavant : puis versez par inclination le menstrue, & ainsi continuez de remettre de nouveau vinaigre distillé; digérez, & versez par inclination les dissolutions jusqu'à ce que les fleurs soient toutes dissoutes : filtrez alors toutes les dissolutions ensemble, & les évaporez par une lente chaleur, jusqu'à siccité, & vous trouverez au fond du vaisseau le sel de Jupiter, lequel doit être dépouillé de l'acide du vinaigre qu'il retient, par le moyen de l'esprit de vin, en la maniére suivante : mettez ce sel dans une petite cucurbite de verre, versez par-dessus de bon esprit de vin, tant qu'il surnage de deux doigts, adaptez un alambic sur la cucurbite, & un petit récipient audit alambic, distillez par une lente chaleur, & l'esprit emportera avec soi une partie du sel acide du vinaigre diſtillé : réïtérez cette diſtillation encore ſix fois, en mettant toujours de nouvel eſprit de vin, & vous aurez un ſel de Jupiter privé de toute acrimonie & doué de très-grandes vertus, dans toutes les maladies hyſtériques, ſa doſe eſt de ſix à vingt grains, dans quelque liqueur convenable.

Magiſtere de Jupiter.

Faites diſſoudre quatre onces d'étain bien fin, avec trois fois autant de bon eſprit de nitre, dans un matras, ſur le feu de ſable, verſez la diſſolution dans une grande terrine vernie pleine d'eau bien nette, & l'eau par ſa quantité affoiblira l'eſprit de nitre, & le contraindra d'abandonner l'étain, lequel il avoit diſſout, & lequel ſe précipitera peu-à-peu au fonds du vaiſſeau en poudre très-blanche, laquelle il faut édulcorer par pluſieurs ablutions avec de l'eau, & la faire ſécher à l'ombre ; c'eſt un très-beau blanc, qui peut être mis dans les pomades pour le viſage.

VI.

Du Fer & du Cuivre.

Glaſer donne une préparation particuliére de Mars, omiſe par le Févre. La voici.

Extrait de Mars astringent.

Quoique cette préparation soit la plus simple & la plus aisée à faire de tout ce Traité, elle mérite pourtant la peine d'y être insérée, à cause des bons effets qu'elle produit, & qui m'obligent à en faire part, même à ceux qui ignorent l'une & l'autre Pharmacie : prenez quatre onces de limaille de fin acier, mettez-la dans un pot de terre verni, & versez pardessus une pinte de bon vin de teinte, duquel les Marchands de vin se servent pour donner couleur à leur vin blanc : faites les bouillir ensemble en les remuant avec une spatule de fer, jusqu'à ce que le vin soit consommé environ des trois quarts, filtrez chaudement ce qui restera, & qui surnage la limaille, & le faites évaporer en consistence d'extrait ; ou si vous voulez avoir moins de peine, servez-vous en même temps de cette liqueur filtrée, & en donnez une once dans un bouillon le matin à jeun & le réitérez durant quelques matins, comme un grand reméde pour les diarrhées, dysenteries, flux hépatiques invétérés & autres maladies de meme nature. Si on le réduit en forme d'extrait, la dose doit être depuis douze grains, jusqu'à demie dragme, dans quelque bouillon ou quelque liqueur adstringente.

Mais par rapport au cuivre, le Fevre est beaucoup plus détaillé & plus curieux que Glaser. Celui-ci néanmoins prétend que l'esprit volatil de Vénus n'a pas d'aussi bonnes qualités que l'a prétendu le Févre. Cependant les operations de ce dernier sont appuyées sur les expériences de M. de Saulx, & le Févre avoit tiré cette préparation de Zwelfer célébre Médecin d'Allemagne, qui lui-même l'avoit copiée de *Basile Valentin*, qui en donne le procédé dans sa *Manifestation des Mystéres*.

VII.

Du Mercure.

Le Févre est beaucoup plus abondant que Glaser sur les opérations du Mercure. Ce qu'en dit le premier, est même très-sçavant & très-curieux. Cependant il a omis le turbit minéral, que Glaser a donné en cette sorte.

Turbit minéral.

Prenez quatre onces de mercure révivifié de cinabre, & seize onces d'huile de soufre, ou de vitriol, mettez-les ensemble dans une cornue de verre, placez-la dans le sable chaud l'espace de vingt-quatre heures ; après ce temps il faut incliner la cornue, & y adapter un récipient, puis augmenter le feu peu-à-peu ; il en sortira au commencement beaucoup de flegme, parce que le corps du mercure retient à soi les esprits acides du vitriol, ou du soufre ; poussez le feu jusqu'à ce qu'il en sorte à la fin un peu d'esprit acide, lequel le mercure n'aura pû retenir. Laissez après refroidir les vaisseaux, & vous trouverez au fonds de la cornue une masse blanche comme neige, laquelle il faut broyer dans un mortier de verre, & mettre dessus quantité d'eau chaude, & cette poudre blanche se changera à l'instant en poudre jaune, laquelle il faut bien édulcorer avec de l'eau tiéde, la sécher & la garder. Cette poudre purge puissamment par haut & par bas, mêlée avec des pilules ou électuaires purgatifs : on s'en sert pour la cure des maladies Vénériennes : sa dose est depuis trois jusqu'à six grains.

La violence de cette poudre peut être modérée en versant par-dessus de l'esprit de vin, & le faisant brûler en remuant toujours la poudre, & réïtérant la même opération jusqu'à six fois ; & pour lors on s'en peut servir avec plus de sûreté, & même augmenter sa dose jusqu'à huit ou neuf grains.

VIII.

Du Cinabre minéral.

L'antimoine ce minéral merveilleux, ſur lequel on travaille depuis pluſieurs ſiécles, a été bien & dignement traité par le Févre, en plus de quatre-vingt-dix pages, où il rapporte des opérations ſages, utiles & inſtructives, au lieu que Glaſer n'en a marqué que des opérations communes, ce qu'il exécute même tout au plus en vingt-ſix ou vingt-ſept pages. Mais en récompenſe ce dernier Artiſte a donné ſur le cinabre naturel des Obſervations & des Opérations omiſes par le Févre, en cette maniére.

Du Cinabre minéral.

Il y a de deux ſortes de cinabre en uſage, dont l'un eſt artificiel, & ſe fait du ſoufre commun, & du vif-argent, comme nous avons enſeigné au Chapitre du mercure : l'autre eſt naturel, & compoſé par la nature de beaucoup de Mercure, de quelque portion de ſoufre pur & de terre : & ces trois ſont unis d'une façon qu'ils ſont un corps compacte d'une très-belle couleur rouge, laquelle eſt plus ou moins haute, ſuivant la pureté du minéral, & ſuivant le lieu où on le trouve. On nous en apporte de divers endroits, comme de Transylvanie, de Hongrie, & de plusieurs lieux d'Allemagne, mais le plus beau se trouve en Carinthie, & il doit être préféré à tout autre soit pour les préparations qu'on en fait, soit même pour s'en servir en substance; car c'est un excellent remède pour les maladies qui proviennent d'une abondance de sérosités âcres, lesquelles il corrige, & les fait transpirer par les pores. On s'en sert aussi mêlé avec quelques autres spécifiques contre la gonorrhée invétérée: sa dose est depuis dix jusqu'à vingt-cinq ou trente grains.

Révivification du Mercure de Cinabre natif & séparation de son soufre en même temps.

Prenez une livre de bon cinabre naturel, mettez-le en poudre subtile, & le mêlez avec une livre de bon sel de tartre, mettez ce mélange dans une cornue de terre bien forte & bien luttée, & la placez dans un fourneau à feu nud, adaptez à la cornue un récipient dans lequel il y ait de l'eau froide, & donnez le feu lent au commencement, que vous augmenterez peu à peu pour faire rougir la cornue doucement; alors vous verrez sortir goutte à goutte environ huit onces de mercure coulant, & quelquefois jusqu'à onze onces, selon la bonté, & la pureté du cinabre. Laissez refroidir les vaisseaux, & rompez la cornue, vous y trouverez une masse rougeâtre, laquelle il faut faire bouillir dans un vaisseau de verre, ou de bonne terre avec quatre pintes d'eau, jusqu'à la consommation d'un tiers, puis filtrez la liqueur qui sera rouge ; & la terrestréïté grossiére & inutile demeurera sur le filtre. Instillez dans cette liqueur rouge & filtrée goutte-à-goutte, de bon vinaigre distillé, ou quelqu'autre acide ; le soufre se précipitera en poudre très-subtile, laquelle il faut édulcorer par plusieurs lotions avec de l'eau tiéde, puis la sécher, & l'on aura le véritable soufre de cinabre naturel, duquel on se peut servir comme d'un excellent remède dans les maladies du poumon & de la poitrine : sa dose est de six jusqu'à quinze grains, dans quelque conserve appropriée, ou dans quelqu'autre véhicule.

Précipitation du Mercure de Cinabre naturel sans addition.

Ayez un ou plusieurs matras de demi-septier, de bon verre, & à long cou, lesquels vous lutterez bien d'un bon lut capable de résister au feu ; vous mettrez dans chacun quatre onces de mercure vivifié du cinabre, & les placerez dans un fourneau à sable : bouchez les orifices des matras légérement, pour empêcher qu'il n'y tombe quelque ordure : donnez le feu du premier degré pendant trois semaines, au bout desquelles augmentez le feu d'un autre degré, & le continuez pendant trois mois entiers, en augmentant le feu de trois en trois semaines, ensorte que les trois derniéres semaines, le sable rougisse, & le mercure se convertira en une poudre très-rouge & luisante, comme un très-beau cinabre, duquel on se sert avec un très-bon succès contre la vérole & ses accidens. C'est un très-bon sudorifique en donnant deux ou trois grains dans quelque conserve en forme de pilules ; & en augmentant la dose jusqu'à six grains : il ne fait pas seulement suer, mais il purge par tous les émunctoires, & corrige la corruption des humeurs. C'est un reméde très-excellent, qui peut se donner en plusieurs rencontres à la satisfaction des malades, & des Médecins.

IX.

Nitre ou Salpêtre.

Quoique le Févre entre dans un plus grand détail que Glaser sur ce minéral ; Glaser cependant renferme quelques opérations utiles, qui ont été omises par le Févre. Les voici donc.

Sel antifebrile.

Prenez deux onces de salpêtre purifié, & deux onces de fleurs de soufre, pulvérisez-les, & les mettez dans une cornue assez grande; versez par-dessus six onces d'eau d'urine distillée, & placez-la sur le fourneau de sable, ensorte qu'il ne monte pas plus haut que la matiére, & que les deux tiers de la cornue soient hors du sable à l'air; adaptez à la cornue un grand récipient, & ne le luttez point, parce que les esprits sortent avec tant d'impétuosité de ces matiéres, que s'ils ne trouvoient de l'air, ils casseroient les vaisseaux. Commencez à distiller à très-petit feu l'humidité, & lorsqu'il n'en sortira plus, augmentez-le peu-à-peu sans le trop presser; car dès que le salpêtre & le soufre commenceront à se fondre, ils agiront l'un sur l'autre, & s'enflammeront, & pousseront avec impétuosité leurs esprits en fumées rouges dans le récipient; lesquels étant sortis, laissez refroidir les vaisseaux, & vous trouverez au fonds de la cornue (laquelle sera cassée) un sel fixe, d'un goût tirant sur l'amer, lequel il faut mettre dans une petite cucurbite de verre, puis verser par-dessus l'esprit contenu dans le récipient, pour le joindre à son propre corps. Rejettez comme inutiles les fleurs de soufre sublimées dans le récipient dans l'action prompte de ces deux matiéres, & couvrez la cucurbite d'un vaisseau de rencontre, & la mettez sur le sable chaud l'espace de trois ou quatre heures, pendant lesquelles le sel fixe se dissoudra dans son propre esprit. Filtrez alors la dissolution, & la faites évaporer doucement jusqu'à siccité: vous aurez un sel blanc comme neige, d'un goût acide très-agréable, lequel il faut conserver dans une phiole bien bouchée. C'est un fort excellent rémede dans les fiévres continues & intermittentes. Il résiste puissamment à la pourriture, & ouvre toutes les obstructions du corps. On le donne dans les fiévres au commencement des accès ou des redoublemens, dans quelque liqueur convenable: sa dose est depuis huit jusqu'à trente grains.

Sel Polycreste.

Nous inférons cette préparation dans ce Chapitre, le nitre en étant la base. On la fait ainsi. Prenez une livre de salpetre purifié, & une livre de soufre commun, mettez-les ensemble en poudre: puis ayez un pot de bonne terre capable de résister au feu, & qui aye le fond plat: mettez-le dans un fourneau à vent, & du charbon à l'entour, lequel vous ferez allumer peu-à-peu, afin de conſerver le pot, & quand il ſera rouge, mettez-y environ deux onces du mélange, & le remuez, incontinent la matiére s'enflammera, & les parties volatiles du nitre s'exhaleront avec une partie du ſoufre: lorſque la flamme ceſſera, vous y remettrez deux autres onces du mélange, en remuant continuellement, & continuez ainſi juſqu'à ce que tout ſoit employé; puis vous le calcinerez en remuant encore ſix heures, pendant leſquelles il faut que la matiére ſoit toujours rouge ſans ſe fondre: car la fuſion retiendroit opiniâtrement l'odeur empireumatique du ſoufre, & le ſel ſeroit de couleur griſâtre: mais ſi on le fait avec les précautions ſuſdites, on aura un ſel de couleur de roſe ſans odeur, & d'un goût tirant ſur l'amer. On s'en peut ſervir ſans autre façon; ou bien ſi on le deſire plus pur & plus net, on le diſſoudra dans une bonne quantité d'eau tiéde, puis on le paſſera par le filtre, & on le fera évaporer doucement dans quelque vaiſſeau de terre verni juſqu'à ce qu'il ſe forme une croûte, puis on l'expoſera à la cave, ou en quelqu'autre lieu froid; il ſe criſtalliſera au fonds & aux parois du vaiſſeau. La figure de ce ſel eſt quarrée, approchante de celle du ſel commun. On ſe ſert de ce ſel contre les obſtructions du foye, de la ratte, du pancreas, & du mésentere; il détache les matiéres visqueuses, & purge bénignement par en bas. Sa dose est depuis deux dragmes jusqu'à six. On le fait dissoudre le soir avec de l'eau de Fontaine, & on le prend le lendemain au matin.

Il faut que les personnes qui ont les parties nerveuses foibles & délicates, s'abstiennent entiérement de tous les remédes, dans la composition desquels le nitre entre de quelque maniére qu'il soit préparé, comme est le crystal minéral, & le sel polycreste, qui ne doivent entrer dans les Médecines & autres compositions, que pour aiguiser & faire pénétrer les autres remédes, ou pour tempérer leur chaleur, & en cette rencontre, la dose même en doit être moindre que des autres médicamens; comme par exemple avec le poids de deux à trois écus de séné, il suffira de mettre une demie dragme ou deux scrupules de crystal minéral, ou le double de sel polycreste.

Mais pour les eaux-fortes, quoique le Févre soit plus exact que Glaser, ce dernier cependant fait une remarque utile, qui est que l'eau-forte faite avec l'alun de Roche, & le salpêtre seul est à préférer à celle où entre le vitriol pour la préparation du précipité blanc ou rouge, dont on peut se servir utilement pour les maladies de la peau.

Mais Glaser donne une eau régale fort bonne, dont le Févre ne parle pas, c'est pourquoi je la rapporterai, en y corrigeant néanmoins une faute.

Eau Régale.

Prenez une livre de sel marin, ou de sel gemme, & une livre de bon salpêtre, mettez-les en poudre subtile, & les mêlez avec trois livres, (Glaser met huit) de bol commun aussi en poudre, puis les distillez par la cornue à feu de reverbére, de la même façon que nous avons enseigné la distillation de l'esprit de nitre, & vous aurez une eau régale, laquelle dissoudra facilement l'or. Il y a encore plusieurs autres maniéres de faire l'eau régale moins usitées dans la Chymie médecinale, que dans l'Alchymie.

X.

Du Sel Armoniac.

Glaser donne sur le sel armoniac, une opération omise par le Févre, en ces termes.

Distillation de l'esprit acide du Sel Armoniac.

Pulvérisez subtilement la masse qui reste au fond de la cucurbite dans la distillation de l'esprit urineux, indiqué ci-dessus *page 328. du Tome III.* & la mêlez avec quatre fois autant de bol en poudre, & mettez le tout dans une cornue de terre ou de verre bien luttée, & le distillez au feu de reverbere clos, observant exactement en cette distillation toutes les circonstances décrites en la distillation du sel commun : vous pouvez rectifier cet esprit dans un alambic au bain-marie, & il montera facilement.

Cet esprit est un des plus secrets dissolvans qui soit connu, car il dissout l'or, le cuivre, le fer, &c. Et les emporte & volatilise par l'alambic, par le moyen de la cohobation réïtérée : outre cela c'est l'acide le plus agréable, que la Chymie ait inventé, en mettant quelques gouttes dans la boisson des fébricitans, car il tempére la chaleur interne, par sa subtilité & petite pointe : il est aussi diurétique plus que les autres esprits corrosifs : sa dose est depuis six jusqu'à trente gouttes, ou jusqu'à une agréable acidité.

XI.

Du Vitriol.

L'opération ſuivante n'a pas été marquée par le Févre : elle eſt cependant utile. Glaſer la rapporte, & en détaille les propriétés.

Diſtillation du Vitriol.

Prenez huit livres de vitriol deſſéché au Soleil, lequel doit être préféré à tout autre, tant à cauſe des impreſſions qu'il peut recevoir de cet aſtre, que parce qu'il en eſt plus ouvert plus ſpongieux, & plus propre à rendre ſes eſprits ; ou au défaut, prenez du vitriol deſſéché ſur le feu, juſqu'à la blancheur, & non davantage ; mettez-le dans une cornue de grais luttée, & la placez au fourneau de reverbere clos, & lui adaptez un grand récipient, en luttant exactement les jointures ; donnez un très-petit feu durant dix ou douze heures, pendant leſquelles, tout le flegme qui peut être reſté dans le vitriol ſortira, ouvrez alors en partie le trou du dôme, & le cendrier, pour augmenter un peu la chaleur, & faire paſſer dans le récipient les eſprits volatils ; mais gouvernez bien le feu, car ces premiers eſprits, pour peu qu'ils ſoient trop pouſſés, ſortent avec impétuoſité & rompent le récipient : augmentez le feu au bout de douze autres heures, en ouvrant le trou du dôme, & le cendrier un peu plus qu'auparavant, & continuerez à l'augmenter peu-à-peu, juſqu'à la derniére violence, & le continuerez ainſi durant trois ou quatre jours, & vous verrez le récipient continuellement rempli de fumées blanches ; mais lorſque les gouttes rouges commenceront à paroître, ceſſez la diſtillation & laiſſez refroidir les vaiſſeaux, car c'eſt ſigne que le vitriol commence à être privé de tout ce qu'il contient d'eſprit, ces gouttes rouges en étant la partie la plus cauſtique. Notez que ſi vous continuez le feu durant douze jours & autant de nuits, le récipient ſe trouvera continuellement rempli de nuées blanches : il faut auſſi remarquer que le vitriol deſſéché au Soleil rendra plutôt ſes eſprits, à cauſe qu'il eſt plus léger & plus ſpongieux, que celui qui eſt deſſéché au feu, lequel eſt plus compacte & retient plus opiniâtrement ſes eſprits. Les vaiſſeaux étant refroidis, délutez le récipient, avec des linges mouillés, & verſez tout ce qu'il contient dans une cucurbite, à laquelle vous adapterez promptement un alambic avec ſon récipient, luttant exactement toutes les jointures, de peur que l'eſprit volatil ne s'en-

fiole; placez la cucurbite au bain-marie, & distillez à une très-lente chaleur l'esprit volatil sulphureux & doux, & changez de récipient dès qu'il en sera monté trois ou quatre onces, pour ne pas faire monter le flegme. Logez cet esprit dans une bonne fiole, laquelle vous boucherez exactement. Adaptez un autre récipient, & augmentez le feu, jusqu'à faire bouillir le bain; le flegme montera par ce moyen, & vous continuerez le feu, jusqu'à ce qu'il ne monte plus rien: ainsi l'esprit acide restera dans la cucurbite, lequel ne sçauroit jamais monter à la chaleur du bain bouillant: versez ce qui reste dans une cornue, & la placez au fourneau de sable, adaptant un récipient, & distillez environ la moitié de cet esprit acide, lequel sera clair comme eau de roche. On peut laisser & garder à part ce qui restera dans la cornue, ou bien en changeant de récipient, pousser & augmenter le feu, & le faire tout distiller, & garder ces deux esprits séparément.

L'esprit volatil, sulphuré doux, lequel sort le premier, est très-pénétrant, il est fort estimé contre l'épilepsie. Sa dose est depuis douze gouttes jusqu'à une dragme dans quelque liqueur appropriée; le flegme est propre aux inflammations des yeux, & pour tempérer l'acrimonie des érésipéles, & pour mondifier les playes & les ulcéres.

Le premier esprit qui sort après le flegme, est très-diurétique & incisif, & est fort en usage dans les fiévres chaudes & malignes; il redonne l'appetit, & ouvre toutes les obstructions: sa dose s'augmente ou diminue, suivant l'agrément de son acidité, moindre ou plus grande, s'accommodant au goût du malade.

Le dernier esprit est appellé improprement huile de vitriol, & ce n'est que la partie la plus pesante & caustique de l'esprit acide; on s'en sert principalement pour dissoudre les métaux & minéraux.

XII.

Du Crystal.

Voici une préparation de Glaser, qui manque à la Chymie de le Févre.

Teinture de Crystal.

Faites rougir du crystal entre les charbons ardens, & l'éteignez dans une bassine pleine d'eau, dans laquelle il se brisera, ensorte qu'il pourra être mis facilement en poudre impalpable, de laquelle vous prendrez quatre onces & une livre de sel de tartre purifié, & les ayant mélés ensemble, mettez-les dans un grand creuset, couvert de ſon couvercle, duquel les deux tiers ſoient vuides; placez-le ſur un rondeau au fourneau à vent, & donnez petit feu au commencement, de peur que la matiére s'enflant, ne ſorte du creuſet, mais lorſqu'elle commencera à s'abbaiſſer, augmentez peu-à-peu le feu, juſqu'à la derniére violence, & le continuez juſqu'à ce que la matiére ſe mette en fonte claire comme de l'huile, & qu'elle ſoit devenue tranſparente comme verre, ce qui ſe connoîtra en introduiſant dans la matiére, une petite verge de fer, à laquelle il s'en attachera quelque petite portion, qui pourra ſervir d'épreuve; & lorſqu'elle ſera bien diaphane, jettez-la dans un mortier chaud, & elle ſe congélera incontinent, mettez-la en poudre tandis qu'elle ſera encore chaude, & partagez cette poudre en deux portions, & mettez-en une moitié toute chaude dans un matras bien net, ſec & chauffé, & verſez par-deſſus peu-à-peu de bon eſprit de vin bien rectifié juſqu'à l'éminence de quatre doigts, puis mettez par-deſſus un autre matras pour faire un vaiſſeau de rencontre; luttez-en bien les jointures, & faites digérer ſur le ſable chaud, enſorte que l'eſprit de vin trémiſſe continuellement durant trois ou quatre jours, & autant de nuits: L'eſprit de vin ſe chargera de teinture, & l'ayant verſé par inclination remettez-en de nouveau ſur la matiére, procédant comme auparavant, & continuant toujours d'en remettre, & de digérer & verſer par inclination, juſqu'à ce que l'eſprit ne ſe colore plus : filtrez alors toutes ces teintures, & les faites diſtiller au bain-marie dans une cucurbite avec ſon alambic de verre, & en retirez les trois quarts, & ce ſera de bon eſprit de vin comme auparavant, & la teinture rouge reſtera dans la cucurbite, laquelle il faut verſer dans une phiole, &, la bien boucher.

Notez, que cette teinture ſe fait mieux ſi on prend des cailloux de Riviére, qui ſont colorés au-dedans de veines rouges, verdâtres & bleues, l'une & l'autre de ces teintures ouvrent toutes les obſtructions du corps : on s'en peut ſervir dans les maladies mélancoliques & hypocondriaques, pour l'hydropiſie & pour le ſcorbut : la doſe eſt depuis dix gouttes juſqu'à trente, dans du vin blanc, ou dans quelqu'autre liqueur, & en continuer l'uſage.

XIII.

Des Végétaux.

Parmi les végétaux, le Févre & Glaſer ſe ſont appliqués à travailler ſur la racine d'angélique, mais Glaſer a mis une opération assez utile sur cette plante, telle que je la donne.

Extrait d'Angélique & conservation de ce qu'elle contient de bon.

Mettez dans une cucurbite une livre de racine d'angélique concassée, & versez par-dessus six livres de bon vin blanc, couvrez la cucurbite d'un chapiteau aveugle, & la mettez en digestion au bain vaporeux, pendant deux ou trois jours, puis ôtez le chapiteau aveugle, & mettez à sa place un chapiteau à bec; auquel vous adapterez un récipient, dont vous lutterez bien toutes les jointures: commencez à distiller au bain-marie, & continuez jusqu'à ce que vous en ayez tiré environ trois livres d'eau, laquelle contiendra tout ce qu'il y avoit de volatil dans l'angélique, & gardez cette eau dans une phiole bien bouchée: laissez refroidir les vaisseaux, coulez & exprimez fort ce qui reste dans la cucurbite & passez la liqueur par la languette, pour la clarifier, & la faites évaporer à la chaleur lente du bain-marie dans une terrine, jusqu'à consistence d'extrait: calcinez le marc qui reste après l'expression, & le réduisez en cendre, & en faites lessive, laquelle vous filtrerez & évaporerez en sel, que vous joindrez à l'extrait, & les garderez ensemble dans un vaisseau bien bouché. Cet extrait est un vrai cordial & bésoardique : il est apéritif & pénétrant, & fait suer ; il provoque les menstrues, sert contre les suffocations de matrice, & résiste aux venins & à la peste, & surtout étant pris dans sa propre eau : sa dose est depuis dix jusqu'à trente grains ; l'eau ne posséde pas moins de vertus que l'extrait ; car elle contient la partie la plus volatile, & la plus noble de cette racine.

On peut de cette maniére tirer l'eau, l'extrait, & le sel de toutes les racines, qui abondent en sel sulphureux & volatil, ce qui se peut connoître par leur odeur & goût aromatique & ignée : telles sont la valériane, l'impératoire, le meum, la carline, le calamus aromaticus, la zédoria, la galanga, & leurs semblables.

XIV.

Le Févre n'a point assez examiné la canelle, c'est ce qui m'engage à mettre ici ce qu'en a marqué Glaser.

Distillation de l'eau spiritueuse & de l'huile essentielle de Canelle.

Sans nous arrêter à la description de la canelle, nous nous attacherons à la séparation de ses substances, spiritueuses & huileuses : & cette préparation servira d'exemple pour les autres écorces aromatiques,

matiques, comme de citrons, d'oranges, &c. comme aussi pour les noix muscades, le girofle, le poivre, & autres aromates. Prenez quatre livres de canelle qui soit de couleur rouge, d'une odeur forte & suave, & d'un goût piquant & un peu astringent, concassez-les en poudre grossiére & les mettez dans une cruche de grais; versez par-dessus douze livres d'eau de pluye & demie livre de salpêtre, pour aider à pénétrer durant la macération, laquelle doit être de quatre jours, lesquels finis, vuidez toute la matiére dans une vessie de cuivre étamée, ajoûtez encore douze livres d'eau à la matiére; placez la vessie sur son fourneau, & adaptez son réfrigératoire avec un récipient, en luttant bien les jointures; employez d'abord un feu assez bon pour faire monter l'huile avec les esprits, mais non pas trop violent pour ne les pas dissiper; & cette remarque doit être générale, que les parties sulphureuses sont assez attachées au corps des aromates, & ont peine de les quitter, mais aussi elles se dissipent facilement lorsqu'elles en sont détachées: il faut donc faire en sorte qu'en distillant une goutte suive très-promptement l'autre, & continuez jusqu'à ce que l'eau qui montera n'ait plus de force. Ayez soin de rafraîchir souvent l'eau durant la distillation, afin que les esprits se puissent mieux condenser sans s'évaporer: la distillation étant finie, séparez l'eau spiritueuse de l'huile, laquelle sera au fonds du récipient, en très-petite quantité, car à peine tirerez-vous une demie-once d'huile de quatre livres de canelle, laquelle demie-once contient en soi la principale vertu de toute la quantité de canelle, dont elle est tirée; aussi une seule goutte est capable de communiquer sa vertu, à une grande quantité de liqueur: mais pour la mêler aisément avec les liqueurs, on en fait un *oleo saccharum*, comme des autres huiles éthérées, en la mêlant avec du sucre en poudre, par le moyen duquel elle est divisée en particules imperceptibles, lesquelles se mêlent avec l'eau, sans se pouvoir après rassembler.

Cette huile provoque les menstrues, hâte les accouchemens, récrée les esprits, aide à la digestion, est en usage pour les défaillances, & pour les maladies de l'estomac, & de la matrice, qui procédent d'une cause froide; sa dose est une demie goutte dans quelque liqueur. L'eau posséde presque les mêmes propriétés, mais elle n'agit pas avec tant d'efficace, sa dose est d'une cuillerée jusqu'à deux.

Notez, que les autres écorces ou aromates, rendent une plus grande quantité d'huile, desquelles la plûpart surnagent l'eau, & on les sépare par une méche de coton, comme nous enseignerons en la distillation de l'huile d'absynthe.

On pourroit sécher le marc, & le réduire en cendres, pour en tirer le sel alkali, mais comme ces sortes de sels, ne différent guéres en leurs vertus, des autres sels alkalis des végétaux, nous ne nous arrêterons pas à leur description.

Autre Eau de Canelle.

Ceux qui ne désirent qu'une bonne eau de canelle, sans se soucier de l'huile, pour laquelle il faut une plus grande quantité de canelle, la doivent préparer comme s'ensuit. Prenez quatre onces de bonne canelle bien concassée, & la mettez dans une cucurbite, & versez par-dessus de l'eau de buglose, de bourache & de mélisse, de chacune huit onces, couvrez la cucurbite d'une chappe aveugle, & la mettez à digérer sur une lente chaleur durant deux jours, ôtez alors la chappe aveugle, & mettez à sa place un alambic à bec, & distillez au fourneau de sable, jusqu'à ce qu'il ne reste sur la canelle au fond de la cucurbite qu'environ un tiers de l'humidité, laquelle sera privée de la substance spiritueuse de la canelle. L'usage de cette eau n'eſt pas différente de la premiére; mais elle eſt plus cordiale.

Teinture & extrait de Canelle.

Preſque toutes les écorces contiennent en elles une ſubſtance réſineuſe & ſulphureuſe, qui conſtitue leur principale vertu; pour ſéparer cette ſubſtance interne de ſon corps groſſier, il faut employer des menſtrues ſpiritueux & ſulphureux, comme l'eſprit de vin, & les eſprits ardens des autres végétaux : nous donnerons un exemple ſur la canelle, qui ſervira pour toutes les autres écorces: mettez dans un matras quatre onces de bonne canelle bien concaſſée, & verſez par-deſſus une livre de bon eſprit de vin, adaptez ſur ce matras un autre matras, pour faire un vaiſſeau de rencontre, & bouchez-en bien les jointures, & les faites digérer durant trois ou quatre jours par une lente chaleur; l'eſprit de vin ſe chargera de la ſubſtance de la canelle, & ſe teindra d'un beau rouge, verſez & ſéparez la teinture par inclination, & la filtrez & gardez dans une phiole bien bouchée.

Si vous voulez réduire cette teinture en forme d'extrait, mettez-la dans une petite cucurbite, & la couvrez de ſon chapiteau, lui adaptant un récipient, &

en luttant bien les jointures, en distillerez tout l'esprit de vin, qui sera empreint de la substance volatile de la canelle, & l'extrait demeurera au fonds de la cucurbite en forme de miel.

La teinture récrée les esprits, fortifie l'estomac, subtilise & résout les matiéres viscides, plus que l'eau simple de la canelle; sa dose est une demie cuillerée dans quelque liqueur appropriée.

L'extrait fortifie l'estomac plus qu'aucun autre reméde tiré de la canelle, à cause qu'il contient en soi une partie du sel fixe, & le plus subtil de sa terre, qui a une vertu restrictive. L'esprit de vin, qu'on retire de l'extrait, & qui est empreint des esprits de la canelle, peut être mêlé dans des liqueurs, pour les personnes foibles; car il est très-agréable, & facilite la digestion.

XV.

Glaser ou plutôt l'Editeur de la troisiéme Edition de sa Chymie, prend occasion de la Vipere, pour donner la composition d'une Thériaque Royale, qui par rapport aux simples qu'on y met, n'est pas moins bonne que celle qui se vend ordinairement. En voici la composition.

Thériaque Royale.

Nos Anciens n'ayant point inventé dans la Médecine une composition plus universelle que celle de la Thériaque, & dont les effets prodigieux s'étendissent plus loin, soit pour la guérison d'une infinité de maladies des plus malignes & des plus désespérées, soit encore pour les prévenir & les empêcher, & même pour procurer de la force & de la vigueur à ceux qui sont naturellement foibles & valétudinaires ; nous osons promettre assurément quelque chose encore de plus considérable d'une Thériaque singuliére que nous allons décrire en cet endroit.

Tout le monde veut que la Thériaque tire son nom de la Vipére, quoi qu'elle entre en très-petite quantité dans la composition que les Anciens nous en ont donnée. Il est aussi d'une notoriété publique que l'extrait de geniévre, est appellée la Thériaque des Allemands, & qu'enfin l'amas de toutes les poudres, soit de racines, écorces, semences, feuilles, fleurs, ou autres ingrédiens qui entrent dans la Thériaque, doivent à bon droit porter le nom de poudres Thériacales : d'où l'on peut inférer que si ces trois choses qui peuvent passer pour des Thériaques séparément, sont jointes enſemble, elles feront une triple Thériaque, qui ſera véritablement divine pour ſes effets, & d'une force & vertu extraordinaire.

Or comme nous ſommes amateurs de la ſimplicité, nous nous ſervirons plutôt de la poudre de Vipére toute ſimple, que non pas des Trochiſques, d'autant que la mie du pain, qui ſert à y donner la liaiſon, n'eſt d'aucune efficace pour la Thériaque, ſans alléguer les autres raiſons que nous avons de nous abſtenir deſdits Trochiſques.

Nous prendrons donc premiérement la poudre de Vipére ſimple en tiers ou environ; à l'égard des deux autres Thériaques mentionnées, nous avons lieu de juger que la petite quantité, qui en entroit dans celle des Anciens, étoit ſi peu conſidérable qu'elle ne pouvoit y donner aucune vertu.

Secondement pour l'extrait de geniévre, que nous ſubſtituons au lieu du miel, dont les Anciens uſoient pour incorporer leurs poudres, nous prétendons qu'il a non-ſeulement le même effet pour lier & conſerver les poudres de la Thériaque, mais encore qu'il fait qu'elle ſe diſtribue & pénétre plus facilement dans les voyes les plus éloignées, ſans cauſer ni vents, ni flatuoſités, ni aucunes des autres incommodités, dont on pouvoit à bon droit accuſer l'ancienne Thériaque, à cauſe des deux tiers de miel qui entroient dans ſa compoſition ; ce qui en rendoit ſouvent l'uſage ſuſpect, pour ne pas dire toujours nuiſible aux bilieux & aux mélancoliques. Il ſeroit inutile de répéter la maniére de préparer l'extrait de geniévre que l'on peut trouver décrite en ſon lieu. Nous ferons ſeulement obſerver qu'il faut qu'il ſoit un peu plus liquide, à cauſe de la ſécheresse des poudres qui doivent y être incorporées, pour compoſer un remède en conſiſtence d'opiat. Sa quantité doit être d'un tiers & plus, à proportion des deux autres, quoi qu'on ne puiſſe pas préciſément la preſcrire.

En troiſiéme & dernier lieu, pour l'amas des poudres qui fait la troiſiéme Thériaque, ou pour mieux dire, la troiſiéme partie de la nôtre, il ſeroit difficile d'en donner & le dénombrement précis des ingrédiens, & les doſes exactes, parce qu'elles dépendent des indications qu'en peut prendre un prudent & ſage Médecin, & ſelon le beſoin qu'en ont les perſonnes auxquelles il l'ordonne.

Nous ne mettrons donc ici que ſimplement & en général les parties des plantes que nous jugeons plus à propos d'employer pour cette compoſition, leſquelles ſont entre les racines, celles de gentiane, des ariſtoloches, d'impératoire, de ſcorſonaire, dictame blanc, biſtorte, tormentile, angélique, carline, rhapontique, iris de Florence, quintefeuilles, pimpernelle ſauvage, contrahierva; toutes leſquelles racines étant très-efficaces, doivent entrer en doſe plus forte que les drogues ſuivantes, qui ſeront entre les autres parties des plantes, ou écorces, feuilles, fleurs, ou ſemences, comme canelle, écorces ſéches de citrons & d'oranges, bayes de lauriers, les différentes eſpéces de poivre, les ſommités de petite centaurée, de pouillot, de calaminte, de germendrée, d'hyſſope, dictame de Crete, ſcordion, ſemence de chardon benit, d'anis, de fenouil, de millepertuits, de pimpernelle ſauvage, le ſtoëcas, le ſafran, &c. On y peut ajoûter la myrrhe, le caſtoreum, le muſc, l'ambre gris, &c. Mais ſur-tout il eſt à noter que ces plantes ou parties d'icelles doivent être cueillies chacune en leur temps convenable, ſéchées à propos, miſes en poudre ſubtile, & paſſées par le tamis fin, & enfin toutes doſées ſelon la prudence du Médecin. Que ſi l'on veut s'attacher aux doſes & à la compoſition de la Thériaque d'Andromaque, on pourra la chercher dans les Livres où elle eſt ſuffiſamment décrite, quoique les habiles de ce temps jugent avec raiſon qu'on en peut ôter les ſucs de regliſſe, d'opium, d'ypociſtis, les gommes Arabique, Opoponax, la calcite, & tout plein d'autres ingrédiens, dont on a peine à conjecturer les raiſons, pourquoi les Anciens les ont fait entrer dans ce reméde, puiſqu'il eſt certain que la plûpart de ces drogues ſont inutiles ou peu convenables, & quelques-unes mêmes contraires entr'elles & ſe détruiſent les unes les autres, de ſorte que c'étoit plutôt une confuſion de divers médicamens, qu'une compoſition légitime.

Quelques-uns tireroient l'extrait des médicamens ſus mentionnés, pour faire une Thériaque Chymique, de laquelle on peut voir la deſcription dans du Cheſne, la Violette & autres Auteurs. Mais pour nous, qu'il nous ſuffiſe de faire ſimplement le mêlange de nos derniéres poudres Thériacales bien doſées, & leur jonction avec la poudre de Vipére, puis d'incorporer le tout avec notre extrait de geniévre, ayant néanmoins auparavant imbibé légérement ces poudres d'un peu d'eſprit de ſel ou de quelqu'autre liqueur acide, pour avancer la fermentation qui doit s'enſuivre; & faire auſſi que l'extrait de géniévre ſe joigne mieux & pénétre plus leſdites poudres.

Si l'on veut être instruit dans le particulier des vertus de cette excellente Thériaque, on doit être persuadé qu'il est difficile de trouver un reméde plus puissant pour purifier le sang, réparer les esprits, entretenir toutes les facultés du corps & de chacune de ses parties, pour fortifier l'estomac, aider à la digestion, cuire les humeurs crues, exciter les urines & les sueurs, ensorte que ce médicament merveilleux, doit passer pour le plus grand antidote qui se puisse trouver, soit pour toutes sortes de poisons venant du dehors, soit pour les venins qui se peuvent engendrer au-dedans par la corruption & pourriture des humeurs. Outre qu'il peut non-seulement conserver les forces & la santé, & préven[ir] les maladies, mais même guérir les plus fâcheuses & les plus désespérées; comme la peste, fiévres malignes & contagieuses, le pourpre, la vérole, rougeole & aussi les maladies longues & chroniques, comme les cachexies, hydropisies, rétentions des mois aux femmes, les fiévres-quartes & presque toutes les maladies qui proviennent des obstructions des viscéres. Où il est à remarquer que la dose de ce souverain composé doit être différente selon l'âge, le tempérament, le sexe, la saiſon, la coûtume & l'exigence des maladies, & qu'elle doit pareillement être moindre pour la préſervation & précaution, que pour la guériſon ; comme par exemple, il ſuffiroit dans un temps de contagion de prendre depuis un ſcrupule juſqu'à une demie-dragme dudit opiat, ou tous les jours, ou de deux ou trois jours l'un, ſelon la grandeur du danger, & pour une perſonne d'un âge médiocre. Au lieu que ſi l'on étoit attaqué de la contagion, il faut redoubler la doſe du reméde, en quoi on prendra le conſeil d'un ſage Médecin.

Cette Thériaque nous donne lieu d'en mettre ici quelques-autres.

Thériaque corrigée par les Anglois.

Vous mêlerez huit onces de poudre de Vipéres avec autant d'extrait de geniévre. Ajoûtez-y ſel volatil de cornes de cerf ; extrait de canelle ; teinture de ſafran ; eſprit de ſel dulcifié ; extrait de girofle ; une once de chaque : & trois onces d'huile de muſcade, & faites bien digérer le tout. Cette Thériaque eſt ſouveraine.

Orviétan, ou Thériaque particuliere.

Vous prendrez les drogues ſuivantes, ſçavoir, racine de gentiane trois onces, d'angélique une once, de ſcorſonaire une once, d'ariſtoloque ronde une once, de Zedoaire, demi once, graine de geniévre la plus nouvelle huit onces, rhuë ſéche une once, iris de Florence demi-once, fleurs de girofle demi-once, muſcade en poudre une once, ſel volatil de corne de cerf, une once, poudre de vipéres quatre onces, antimoine diaphorétique une once, miel blanc du meilleur ſeize onces, extrait de géniévre ſeize onces, vin blanc du meilleur où d'Eſpagne une chopine, vieille thériaque, deux onces, confection d'alkerme deux onces, confection d'hyacinte deux onces, les treize premiéres drogues doivent être miſes en poudre & tamiſées ſéparément, & le jour que vous ferez votre compoſition d'orviétan, mêlez bien toutes ces poudres dans une terrine verniſſée; faites cuire le vin, le miel & l'extrait de geniévre, retirez du feu & joignez-y votre thériaque avec les confections d'alkerme & d'hyacinte & y ajoutez une once d'eſprit de ſel dulcifié. Faites bouillir quatre ou cinq bouillons, retirez du feu & y mettez vos poudres peu-à-peu & remuez pour les bien incorporer; & que le tout ſoit réduit en conſiſtance de thériaque. Alors votre orviétan eſt fait, que vous mettrez en un pot de fayence, que vous fermerez exactement, pour vous en servir ensuite au besoin.

La dose de cet orviétan est le poids d'une dragme ou une dragme & demie, que vous ferez dissoudre dans un vehicule convenable.

Sçavoir dans du vin pour toutes sortes de poison, morsure de vipéres, de serpens, de chiens enragés ou autre bête venimeuse.

Dans du verjus ou de l'eau-de-vie dans les fiévres malignes, pourprées, ou pestilentielles.

Dans de l'eau d'endives ou de chicorée sauvage contre les fiévres tierces.

Dans de l'eau d'ulmaria, de noix ou de chardon béni contre les fiévres-quartes.

Dans de l'eau de pivoine, de tilleul ou de bétoine dans l'épilepsie, ou les vertiges.

Dans de l'eau d'absynthe, de menthe, ou de bétoine avec un peu d'eau rose pour les indigestions, vomissemens ou douleurs d'estomac.

Dans de l'eau de mélisse ou de buglose, contre la mélancolie.

Dans de l'eau-de-vie avec huile de gabia ou de pétrole dans la colique; alors on en frote chaudement la région de l'estomac & du bas ventre; mais on ne la prend pas intérieurement.

Dans de l'eau-de-vie, mêlée d'huile de lierre pour la sciatique & il suffit d'en frotter chaudement la partie.

Enfin contre toute morsure venimeuse on en prend intérieurement & l'on en applique sur la playe.

Antidote Besoardique contre le poison, venin, Fiévre maligne & la Peste.

Prenez de la thériaque, de l'orviétan; confection d'hyacinthe, bois d'aloës; de chacun une dragme; corne de cerf préparée, semence d'oseille de chacune un scrupule & demi, pierre de besoard deux scrupules, semence de cédrat mondé un scrupule, perles préparées, racines de scorsonaires, de chacune une dragme & demie, dix feuilles d'or, syrop d'aigre de cédre, ce qu'il en faut pour faire un électuaire. Conservez le tout dans un vase d'argent ou d'étain.

La dose est depuis une ragme jusqu'à deux; c'est le contre poison le plus efficace & le plus salutaire; il convient surtout en temps de peste.

Autre Electuaire excellent contre tout Venin & Poison.

Racines de carlines, de dictame blanc, de bistorte, de bouillon blanc, de vraye angélique, & d'impératoire; de chacune deux onces. Fruits de roses sauvages nommés cynorrhodon, graine de laurier, & de geniévre, celleri de montagne, chardon béni, graine de paradis; une once & demie de chaque; aristoloque longue & ronde, petite valériane; tormentille, petite centaurée, semence de rhuë champêtre; de chacune une once: racine d'autora deux onces. Thériaque & orviétan trois onces de chaque & de l'extrait de geniévre ce qu'il en faut pour en former un électuaire.

La dose est de deux dragmes ou la grosseur d'une chataigne, qu'on prend le matin à jeun ou le soir une heure avant le souper; cet antidote est excellent contre toute sorte de venin, poison, peste & fiévre pourprée. Mais si l'on avoit mangé des champignons, des limaçons, ou que l'ont eut été mordu d'un animal venimeux on le prendra détrempé dans du vin. L'effet en est certain & même admirable.

Antidote du Roy Mitridate contre tout Poison & souverain en temps de Peste.

Six noix séches; feuilles de rhuë séchées à l'ombre: grains de geniévre: demi-once de chaque: sel blanc deux dragmes: miel blanc ce qu'il en faut pour en former un électuaire; la dose est de deux gros chaque fois ou la grosseur d'une châteigne. Remède éprouvé plus d'une fois.

Remède souverain éprouvé en temps de Peste.

Mangez à jeun six des plus tendres feuilles de vervaine, ou autant que vous voudrez, & soyez sûr que vous ne gagnerez point la peste de toute la journée.

Remède contre la Peste, éprouvé à Nice en Provence, en 1631.

Vous prendrez des grains de laurier bien mûrs, nettoyez-les de leurs écorces & les mettez en poudre avec un peu de sel; & lorsque quelqu'un sera attaqué de la peste, prenez une cuillerée de cette poudre & la faites prendre au malade: mais avec cette différence que si la fiévre est chaude il faut prendre la poudre dans du vinaigre tempéré d'eau, au-lieu que si la fiévre est froide il faut la prendre dans du vin: ensuite bien couvrir le malade, afin qu'il suë; réïtérez deux ou trois jours de suite & dans peu il sera guéri.

Baume du Chevalier de Saint Victor, ou du Commandeur d'Espernes.

Prenez des fleurs de millepertuis mondées & séchées une once, mettez-les en infusion pendant vingt-quatre heures, dans trois demi-ſeptiers d'eſprit de vin rectifié ; tirez-en une teinture rouge ; coulez avec expreſſion, & dans votre colature remettez en infuſion, & faites digérer enſemble pendant ſix jours dans un matras bien bouché du ſtorax calamite deux onces.

Du baume du Pérou le meilleur, une once.

De l'oliban, de l'aloës ſucotrin, de la myrrhe choiſie & de la racine d'angélique, de chacun demi-once.

De l'ambre gris & du muſc Oriental, de chacun ſix grains ; on peut cependant omettre l'ambre gris & le muſc, qui nuiſent à pluſieurs perſonnes ; faites un baume que vous ſéparerez de ſes féces par inclination, & par colature.

Remarques ſur ce Baume.

On fera ſécher entre deux papiers les fleurs de millepertuis mondées ou ſéparées de leurs calices, on les mettra dans un matras, on verſera deſſus l'eſprit de vin rectifié, on bouchera bien le matras, & on le placera en digeſtion dans un lieu un peu chaud ; on l'y laiſſera pendant vingt-quatre heures, l'agitant de temps en temps ; il s'y fera une teinture rouge, on la coulera avec expreſſion par un linge ; on la remettra dans le matras, on y ajoûtera le baume du Pérou, & les autres drogues pulvérisées grossiérement; on rebouchera le vaisseau exactement, & on le mettra en digestion dans du fumier ou dans un autre lieu chaud, l'agitant de temps-en-temps & l'y laissant pendant six jours; on laissera ensuite reposer la liqueur, on la versera par inclination, on la pressera par un linge, & on la gardera dans une bouteille bien bouchée; c'est le baume du chevalier saint Victor, ou du commandeur d'Espernes. La dose en est ordinairement depuis quatre gouttes jusqu'à douze, dans une liqueur appropriée.

Vertus du Baume du Commandeur.

Ce baume qui étoit fort en usage au commencement de ce siécle, guérit les coups de fer & de feu curables dans huit jours, sans qu'il se forme de pus, & on sent la douleur très-peu de temps.

Il est admirable contre la colique, si on en prend quatre ou cinq gouttes dans du vin & s'en frottant le ventre; on en donne la même quantité pour la toux, & on s'en frotte l'estomac avec du coton.

Il guérit toutes sortes d'ulcéres, chancre & cancer; il est propre aux morsures des bêtes enragées & venimeuses.

Dès que la petite vérole paroit au viſage, il en faut frotter les boutons, & ils ſécheront ſans ſuppurer; on en donne pour le pourpre cinq ou ſix gouttes dans du bouillon, & on réïtére pluſieurs jours.

Il eſt bon aux meurtriſſûres, inflammations & fluxions; pour le mal des yeux, il en faut couler quelques gouttes dedans.

On en donne dans un bouillon ſi on a la fiévre, pour le mal d'eſtomac ſi on eſt ſans fiévre, ce ſera dans du vin.

Pour la ſciatique il en faut frotter la partie affligée.

Il eſt bon pour le mal de dents en l'appliquant ſur la gencive avec du coton, & eſt utile aux gencives attaquées de ſcorbut.

Il guérit les fiſtules, même les invétérées.

Il eſt bon au feu volage & dartres en s'en étuvant, comme auſſi aux ulcéres & à la brûlure.

Il réſout les tayes des yeux.

Il eſt bon aux éréſipelles.

Il eſt bon aux rhumatiſmes, contraction de nerfs, ſi on trempe dedans du coton ſec, & l'appliquer deſſus; pour conforter le cœur & contre les vertiges, il en faut flairer ou mettre dans les narines.

Il provoque les menſtruës aux femmes & filles, & arrête les trop grandes pertes.

Pris dans un bouillon, il eſt bon à

la phtisie, contre le poison & abcès intérieurs.

On en donne deux fois la semaine pour l'asthme & pulmonie une cuillerée.

Il rétablie le foye.

On en donne une cuillerée pendant quatre jours pour l'épilepsie dans tous les déclins de la lune.

Il préserve de la peste, guérit de la surdité si on en met un coton trempé dans l'oreille.

Dans les playes, il faut laver le tout avec ledit baume : si elles sont profondes ou percées de part en part, il faut en seringuer dedans pour n'étoyer la playe, puis mettre dessus du coton trempé dedans, & par-dessus d'autre coton sec, puis bander la playe ; elle prévient ou guérit la gangréne.

Il ne se faut servïr ni d'onguent, ni d'emplâtre, ni de tente, huile ni vin, & encore moins d'eau, mais seulement dudit baume.

Lorsqu'on pense un bubon, il faut l'oindre avec ledit baume, & quand il sera mûr, il faut l'ouvrir, puis le penser comme les autres playes.

Eau Thériacale.

Vous prendrez du ſuc de ſcordion, de cédre & d'oſeille : une livre de chaque ; vous les mêlerez avec une chopine de bon vin dans lequel vous ferez diſſoudre & digérer trois onces de thériaque & autant de bon orviétan. Et vous diſtillerez au bain-marie & vous aurez une eau, dont la doſe eſt de deux onces chaque fois. L'uſage eſt en temps de peſte ou de maladies contagieuſes.

Autre eau Thériacale plus efficace que la premiére.

Prenez racines d'énula campana, d'angélique ; trois onces de chaque : ſemence de chardon bénit, clouds de géroſle & graine de geniévre ; une once de chaque. Scordion, bugloſe, aunée, marjolaine, méliſſe, bétoine, une poignée de chaque. Suc d'oſeille, de cédre, de Scordion, deux livres de chaque ; & du tout vous ferez une décoction, que vous ferez diminuer juſqu'à la diminution de la troiſiéme partie. Vous y ajoûterez trois onces de thériaque & autant d'orviétàn que vous ferez délayer, digérer & diſtiller au-bain marie, & il vous reſtera une eau thériacale, dont la doſe eſt d'une once a chaque fois en temps & lieux contagieux.

Eau d'Aromates excellente.

Vous aurez des noix muſcades; clouds de gérofles, cardamome, grains de paradis, gingerbre; trois onces de chaque. Poivre long & noir, aloës ſucotrin, zédaire, régliſſe une once & demie de chaque; melez le tout bien pilé dans une cucurbite & y verſez de bon vin blanc ou de malvoiſie ſi vous en avez; que la liqueur ſurpaſſe les poudres de trois bons doigts; faites infuſer, digérer & enſuite diſtiller au feu de cendres & conſervez cette eau en une bouteille bien fermée. L'on peut remettre d'autre vin ſur les féces & le diſtiller; mais l'eau en ſera moins efficace que la premiére, ce qui reſte du marc peut ſervir à rendre le vinaigre très-fort.

La premiére eau fortifie les eſprits & réjouit le cœur en s'en ſervant comme d'un baume, parce qu'elle produit les mêmes effets.

Cette eau guérit efficacement toute infirmité froide, ouvre & diſſipe les abcès tant intérieurs qu'extérieurs; une goutte miſe dans les yeux en ôte l'inflammation, en l'appliquant avec un linge elle guérit les chancres & toutes autres playes. Elle guérit l'hydropiſie & le mal caduc, continuant pluſieurs jours à en boire une once le matin ; soulage la douleur des dents, qui vient de cause froide ; ôte la mauvaise odeur du nez & de la bouche ; guérit la sciatique, tempere les douleurs de la goutte ; remédie à la surdité en insinuant une goutte soir & matin dans l'oreille avec un peu de coton. Elle est souveraine contre tout poison & morsure de bête venimeuse. Elle délie la langue, facilite la parole, en mêlant quelques gouttes dans un petit verre de vin, & s'en gargarisant & même en le buvant ; rétablit la mémoire en la mettant sur un linge & l'appliquant sur le front en se couchant, ce qu'il faut faire trois ou quatre fois la semaine pendant quelques mois.

Cette eau a été éprouvée à Rome & à Vénise par le Docteur Joseph Quinti & toujours avec un heureux succès, surtout pour les maladies froides.

Huile composée par l'eau de Chardon Bénit.

Faites bouillir quatre onces d'huile commune dans huit onces de chardon bénit, jusqu'à ce que l'eau soit entiérement consommée & la buvez. C'est un remède plusieurs fois éprouvé contre les points de côté & la pleurésie.

Essence

Essence d'Opium préparée contre les douleurs de la Goutte.

Faites essence d'opium & de suc de jusquiame tirée par l'infusion faite avec l'esprit de vin une once ; essence de racine de mendragore aussi par esprit de vin, six dragmes ; sel de perles & de corail, deux dragmes de chaque ; karabé & mumie quatre scrupules de chaque ; safran deux scrupules ; corne de cerf calcinée philosophiquement un scrupule ; terre sigillée deux dragmes ; miel de Narbonne purifié une livre, & vous y incorporerez tout ce que dessus & vous en ferez un électuaire que vous conserverez dans un vaisseau de verre ou d'argent ; les vertus de ce laudanum sont fort étendues pour les grandes douleurs de quelque cause qu'elles viennent.

Pour la goutte des pieds & des mains on en mêle une dragme avec demi dragme d'onguent populéum, ou eau de nénufar ; on s'en frotte les endroits douloureux & en deux ou trois fois tout au plus la douleur est dissipée sans aucun danger.

Ce même laudanum mêlé avec l'eau de menthe guérit la colique, la pleurésye, les cathares, le flux de sang de quelque espéce qu'il soit ; il arrête aussi les fluxions; excite le ſommeil pris intérieurement le poids de quatre ou cinq grains, avec trois gouttes d'huile de noix muſcades: on l'applique ſeulement ſur les tempes & mis avec un peu de coton dans les narines. Mais ſi l'on dort trop il faut l'ôter; il guérit les fiévres ardentes & il éteint la ſoif; il eſt ſouverain pour les hétiques & les aſthmatiques pris avec de l'eau d'hyſſope; pour la mélancolie, le vomiſſement & ſeignement du nez, il ſe prend avec crocus de mars aſtringent. Pour les frénétiques on le détrempe avec un peu d'eſprit de vin, dont on frotte le pouls & les tempes.

La doſe eſt depuis ſix grains juſqu'à dix, & il purge aſſez doucement.

Remède pour les Abcès.

Prenez de la ſoude d'Alicant, la plus blanche que vous pourrez trouver. Pilez-en un peu, & l'ayant mêlée avec un jaune d'œuf, mettez-la ſur l'abcès, qu'elle diſſipera en peu de temps; puis purgez-vous doucement pour détourner l'humeur.

Corne de cerf calcinée Philoſophiquement.

Rapez la corne de cerf & la mettez dans le chapiteau d'un alambic dans lequel vous diſtillerez de la ſcorſonaire, de la rhuë ſauvage, du chardon béni & autre plante vulnéraire ou médecinale ; & l'esprit de ces plantes, calcinera la corne de cerf sans lui rien ôter de sa vertu ; ces plantes même lui communiqueront la leur.

Préservatif contre la Peste.

Prenez sauge, feuilles de sureau, feuilles de rubusidens demi poignée de chaque ; rhuë, romarin, acéta osella demi-poignée de chaque ; pilez le tout ensemble en un mortier & le détrempez avec une pinte de bon vinaigre blanc, & autant de vin de la même couleur. Laissez infuser a froid vingt-quatre heures ; passez par un linge & y ajoutez un demi-septier d'eau d'angélique ; faites dissoudre dans cette liqueur deux dragmes de thériaque & autant d'orviétan ; la dose est une cuillerée le matin & autant le soir ; c'est un préservatif spécifique contre la peste.

Autre remède spécifique contre la Peste.

Vous aurez une poignée de sauge & autant de rhuë ; deux poignées de romarin & acéta osella ; pilez & faites bouillir dans trois chopines de vin muscat ou autre vin cordial jusqu'à diminution d'une chopine, passez cette composition dans un linge & y ajoutez deux dragmes de poivre & demi-once de noix muscades en poudre; faites les encore bouillir un demi quart d'heure, ôtez du feu & y mettez une demi-once d'orviétan, autant de thériaque & demi-septier d'eau d'angélique & gardez cette liqueur en une bouteille bien bouchée; la dose est de deux ou trois cuillerées le plus chaud qu'il se peut à ceux qui sont attaqués de peste ou de petite vérole, puis les bien couvrir pour les faire suer; mais pour se préserver il suffit d'en prendre seulement une cuillerée le matin & une demie le soir.

Thériaque préparée pour la Colique.

Il faut prendre demi gros de thériaque & autant de savon noir, que vous mettrez dans un oignon que vous aurez creusé, remettez-y la même piéce que vous en avez coupée, enveloppez cet oignon dans du papier, que vous ferez cuire dans des cendres chaudes, jusqu'à ce qu'il soit bien tendre; puis vous l'appliquerez entre deux linges sur le nombril.

Grand confortatif du Docteur Farrar.

Vous aurez six onces de cochenille en poudre que vous mettrez dans une cucurbite, & verserez de bon esprit de vin qui surnage de quatre bons doigts. Bouchez bien le vaisseau que vous laisserez huit jours en digestion, remuant de temps en temps; vuidez par inclination; remettez de l'esprit de vin faites infuser comme la premiére fois; ce que vous réïtérerez tant que la cochenille donnera sa teinture; mêlez vos teintures que vous distillerez au bain jusqu'à consistance d'extrait; puis prenez *diasatyrion Nicolai magis gratum*, une livre; magistére de perles fait par dissolution dans le vinaigre distillé & précipité avec l'huile de tartre; prenez aussi magistére de corail préparé de même, une once & demie de chaque; syrop de sassafras quatre onces; confection d'alkermes demi-once, sel de chaux vive, la quantité de quatre pintes d'eau, filtrez & évaporez la matiére jusqu'à consistance de miel, & en prenez demi-once le matin, autant le soir, vous abstenant de manger entre les repas, auxquels vous vous contenterez de peu de vin.

Vertus de la Cochenille.

La préparation précédente me donne lieu de dire ici un mot des vertus de la cochenille; on sçait que quand une femme enceinte est tombée on lui donne une teinture de cochenille tirée de quelque ruban ou morceau d'étoffe de soye teinte en cramoisi fin & cette teinture se fait avec la cochenille préparée ; par ce moyen on prévient les accidens, que cette chute pourroit causer à la femme ou à son fruit.

Dans les fiévres pourprées & même dans la petite vérole, la cochenille est d'un grand usage ; en cette sorte, à une personne de douze à quatorze ans & au-dessus, on en peut donner depuis trente jusqu'à quarante grains selon la force & l'âge du malade, à un enfant de trois à quatre ans sept a huit grains ; dix-huit à un enfant de six ans ; on le donne dans de l'eau cordiale ou même dans du vin ; à peine le malade en aura pris trois fois que les boutons de la petite vérole, ou les pustules de la fiévre pourprée ou maligne paroîtront sur la peau ; alors il faut continuer a donner le même remède trois ou quatre fois ; on pourroit cependant pour ces deux maladies y substituer de la poudre de vipéres si l'on n'avoit pas de cochenille ; mais la poudre de vipéres se prend en plus grande quantité sçavoir d'un scrupule ou vingt-quatre grains pour un enfant de trois à quatre ans, d'un demi gros pour un enfant de huit jusqu'à quinze ; & d'un gros quand on a passé cet âge ; cette poudre est très-efficace donnée de cette maniére & ne peut causer aucun accident. Un troisiéme effet de la cochenille m'a été rapporté par dom Louis Médecin de la Ville de Bruxelles & l'un des plus habiles hommes que les Pays-Bas ayent eu dans la Médecine. Pour la fluxion de poitrine il ne se servoit pas d'autre chose que d'un topique de soye non filée teinte en cramoisi fin qu'il faisoit étendre & appliquer sur la poitrine; & c'est ainsi qu'il guérit le Maréchal de Boufflers lorsqu'il fut attaqué de cette maladie à Arras en 1709. Le Maréchal lui envoya une chaise de poste & un passeport à Bruxelles, il se rendit à Arras, où en peu de jours il mit le Maréchal en convalescence, & il vêcut encore plusieurs années.

Enfin me trouvant à Bruxelles dans le même temps, je visitai une personne de distinction; je remarquai dans son cabinet deux manches suspendues qui étoient de couleur rouge; je lui demandai ce que c'étoit, il me répondit que c'étoit un reméde qui lui étoit utile & familier: que comme il étoit sujet à quelques rhumatismes sur les bras; ces deux manches étoient de flanelle d'Angleterre teinte en cramoisi fin qu'il s'appliquoit à cru sur les bras: & que ce topique le délivroit en peu de jours de cette incommodité: mais qu'il falloit avoir la précaution de les ôter dès que la douleur avoit cessé. Et je puis dire que depuis je l'ai éprouvé avec un ſuccès toujours égal.

Choux rouge préparé pour la Poitrine, le Poumon, & la toux ſéche.

Hachez ou pilez un choux rouge, ou pour le moins la moitié avec une bonne poignée de mauves & deux gros oignons blancs: mettez le tout dans un pot de terre neuf avec ſix pintes d'eau de Riviére, que vous ferez bouillir tant qu'il n'en reſte plus que deux pintes; puis vous paſſerez la liqueur par un linge & la preſſerez. Prenez un verre de cette liqueur le matin un peu tiéde, avec un peu de ſucre ou de miel que vous y délayerez, & le ſoir vous en prendrez autant en vous couchant. On pourroit avec du miel faire un ſyrop de cette infuſion. Le choux rouge qui eſt moins commun à Paris & ailleurs, eſt fort en uſage dans les Pays-Bas, où l'on en fait des ſalades, ſoit crûs, ſoit après les avoir fait cuire, & les coupant par petits filets.

Infuſion pour la Poitrine, le Poumon & contre le Rhume.

Vous prendrez deux poignées d'orge mondée que vous ferez bouillir dans une pinte & demie d'eau de Riviére, juſqu'à diminution de moitié, & juſqu'à ce que l'orge ſoit entiérement crevée. Vous ſerez chauffer du lait, & le couperez avec moitié de cette infuſion que vous prendrez chaude, ſans néanmoins que le lait ait bouilli. L'on y ajoûte un peu de ſucre, & l'on en prend le matin en ſe levant & le ſoir en ſe couchant. Ce remède eſt ſimple mais ſpécifique, & il faut s'en ſervir juſqu'à parfaite guériſon.

Autre infuſion pour le Poumon.

Il faut deux livres de ſuc d'hyſſope; puis ſuc de tuſſilage, nommé vulgairement pas d'âne, ſuc de bourache, de bugloſe, de méliſſe, & de choux rouge une livre de chacun des deux derniers : mêlez-y deux onces de fleurs de ſoufre; faites bouillir le tout un quart d'heure; puis le paſſez ſans l'exprimer ni preſſer, & en faites un ſyrop ſelon l'art.

La doſe eſt de deux cuillerées le matin, à midi & au ſoir; mais avant le repas, dans un verre d'eau d'hyſſope.

Poudre d'Ardoiſe contre la colique bilieuſe.

Faites rougir au feu une ardoiſe bien nette, & lorſqu'elle ſera froide, vous la broyerez dans un mortier pour la paſſer enſuite au tamis de ſoye; puis mettez-en une dragme dans un demi verre de vin rouge ou clairet, & la faites prendre à ceux qui ont la colique dans le temps de la douleur, & peu de moment après le patient sera soulagé, & enfin guéri par quelqu'autre prise du même remède.

Poudre contre l'Hydropisie venteuse ou tympanite.

Vous prendrez une dragme de racine d'*Enula campana*, & autant de graine de geniévre & de régliſſe; le tout étant pulvériſé & bien mêlés, vous en prendrez une dragme le matin pendant trois jours conſécutifs, dans un verre de vin blanc.

S'il y avoit de la colique, il faut donner un lavement avec du vin d'Eſpagne, ou autre bon vin blanc, dans leſquels on mettra deux onces de ſucre & autant d'huile de noix.

Baume de Millepertuis.

Vous prendrez des fleurs de millepertuis bien mondées & nétoyées, de celles qui fleuriſſent jaunes; vous les mettrez dans un pot convenable, telle quantité que vous voudrez faire de ce baume. Vous emplirez ce pot, en foulant les fleurs avec le poing: enſuite vous y mettrez de l'huile d'olive, ce qu'il en pourra contenir, & dans le pot vous y placerez un morceau de bois rond, enveloppé d'un linge, pour boucher le pot bien juſte; ce pot doit être placé huit jours en lieu où le Soleil donne bien à plomb, sans y toucher; au bout de la huitaine, vous mettrez votre pot sur de la cendre chaude, où vous le ferez bouillir doucement; ensuite vous le passerez par un linge fin & le presserez. Puis vous y remettrez de nouvelles fleurs de millepertuis, autant que votre pot en pourra contenir sans y remettre d'autre huile, vous remettrez au Soleil, ensuite au sable pour bouillir, puis passerez, presserez & recommencerez la même chose une troisiéme fois; & le tout étant passé & bien pressé, votre baume est fait, que vous conserverez dans un vaisseau de verre bien bouché.

Ce baume qui n'est que pour l'extérieur, sert pour guérir toutes les playes: & on l'appliquera chaudement le plutôt que faire se pourra; on oindra la playe avec une plume, & l'on y mettra une compresse trempée dans la même huile deux fois par jour, tenant la playe nette; si elle est profonde, on y insinuera un tente de charpie humectée de ladite huile. S'il y a inflammation trempez la compresse dans de l'oxicrat. Le temps de faire ce baume est le mois de Juin que les plantes sont en fleurs & dans leur force.

Infusion du Roy d'Espagne contre la Peste.

Vous aurez avec de la myrrhe; du bois d'aloës; mastic; terre sigillée; girofle & safran, une once de chaque. Que le tout soit mis en poudre subtile & bien mélé; & vous prendrez le poids d'un gros de cette poudre dans l'une des liqueurs suivantes. S'il y a fiévre avec chaleur, on la doit prendre dans un verre d'eau-rose; si la fiévre prend à froid, on la doit mettre dans du vin, & de l'une & de l'autre maniére elle fait suer, & chasse le venin au-dehors.

Mais pour préservatif, il suffit d'en prendre tous les matins un scrupule; c'est-à-dire, vingt-quatre grains, & l'on se garentira de la peste par ce moyen.

Quand on est attaqué de la peste, il ne convient pas de rester toujours au lit: il suffit d'y être deux ou trois jours seulement pour exciter la sueur: & dès qu'on a sué, il est bon de prendre l'air.

Si l'abcès ou le charbon paroît, il faut y mettre de bon onguent pour le faire percer promptement. J'en ai indiqué plusieurs dans le cours de ce Livre, & l'on pourra y avoir recours par le moyen de la table des maladies de chaque Volume; ou si l'on veut on peut prendre une poignée de senneçon, avec un gros oignon de lys, ou même deux si le cas le demande, selon la grosseur de l'abcès. Faites bouillir le tout dans un pot neuf avec du sain doux d'un porc mâle, mais le plus vieux que faire se pourra, sans néanmoins être sallé; y mettre un peu d'eau, de crainte que le feu n'y prenne, & remuer jusqu'à ce que le tout soit réduit en onguent, que vous appliquerez sur le mal pour le faire percer.

Baume divin & ses vertus admirables.

Vous prendrez de l'encens mâle; de la myrrhe choisie; aloës sucotrin; angélique odoriférante, une once de chaque. Baume du Levant, de la Mecque ou autre deux onces; storax calamite en pierre quatre onces; benjoin six onces; musc oriental & ambre gris vingt-quatre grains de chaque; pierre de bézoart trois dragmes; extrait de millepertuis une once, esprit de vin six livres, c'est-à-dire, trois pintes.

Observez que le bézoart; le musc; l'ambre gris; & l'extrait de millepertuis ne doivent pas être mis au commencement de la cuisson de ce baume; mais au milieu, quand tout est bien incorporé.

1°. Ce baume guérit toutes sortes de playes ou blessures, tant de pointe que de taille; aussi-bien que les coups de mousquets, en quelque part du corps que ce puisse être, pourvû néanmoins qu'ils ne soient pas mortels.

2°. Quand même les playes seroient vieilles, pourries, chancreuses, pleines de pus ou noirâtres, il en ôte la superfluité impure, toute tumeur, inflammation, douleur, & remet la partie affectée dans son état naturel.

3°. Il guérit toute fistule, quelque vieille qu'elle soit, il en sépare le calus, incarne & cicatrise entiérement la playe.

4°. Ce baume guérit tous les maux qui viennent entre cuir & chair; comme feu sacré, dartres & autre semblable: aussi bien que les chancres, ulcéres, cirons, fentes ou crevasses, quoi qu'elles fussent dégénérées en ulcéres putrides & cancers.

5°. Il guérit toutes sortes de morsures, soit de Chiens enragés ou autres, piquûres d'animaux venimeux. Pris par la bouche il délivre & préserve de tous venins, il perce les hémorrhoïdes externes, en les lavant de ce baume lorsqu'on se met au lit, & en fait sortir le sang superflu & corrompu. Il remédie aux maux de dents, dont il ôte la douleur, & raffermit même celles qui sont ébranlées, corrige & conforte celles qui sont gâtées; & guérit tous les maux des gencives.

6°. Il guérit toute coupure qui est

dégénérée en playes ; & remédie en peu de jours à celles qui sont récentes, quand elles ne sont pas de conséquence.

7°. Il ôte & appaise la douleur de tête ; fortifie le cerveau ; préserve de vertiges ; fortifie la mémoire, & guérit les petits ulcéres des narines.

8°. Il est souverain pour la sciatique par onction ; insinué dans les yeux il en ôte l'inflammation ; en détourne les fluxions ; fortifie la vûe ; & empêche les cataractes. Il guérit l'érésipelle en peu de jours ; soulage la goutte, dont par des frixions réïtérées il appaise la douleur, & enfin la détruit peu-à-peu.

9°. Si on y trempe un morceau de chair deux ou trois fois, il l'embaume jusqu'à la rendre incorruptible.

10°. Etant pris intérieurement, il remédie aux maux de ventre, flux de sang, douleurs de coliques, résout les vents & tue les vers. Il facilite la digestion, donne de l'appetit, soutient les fonctions de l'estomac : purge sans violence ; remet les mois dans leur état naturel ; enfin il est bon pour toutes les maladies des intestins.

11°. Il n'est pas moins utile pour les animaux que pour les hommes ; comme aux vers des Chevaux, en humectant la partie jusqu'à ce qu'il pénétre la peau.

Ce baume convient à tous les âges & à toutes les complexions : il guérit toutes les infirmités causées tant par la chaleur du tempérament que par le trop grand froid. Il aide & fortifie la chaleur naturelle, & par là il chasse toutes les humeurs superflues, & préserve de toute corruption ; prévient tous les maux, même la peste. Ses effets sont constans, & ont été sûrement éprouvés & sont si étendus, qu'on a eu raison de le qualifier de baume divin.

Manière d'appliquer ce Baume & de s'en servir.

Si la blessure est de pointe, on se sert d'une petite seringue pour l'insinuer dans la playe, dans quelque endroit du corps qu'elle soit. C'est proprement là le premier appareil ; au bout de deux ou trois jours, si l'on remarque que le mal soit de quelque conséquence, on l'applique comme il sera dit ci-après, ce qui servira de régle pour les autres occasions.

D'abord on met de ce baume sur la playe, & tout autour pour prévenir ou faire cesser l'inflammation ; & on la couvre d'un coton bien uni que l'on imbibe aussi de ce baume ; après quoi on met sur le coton une compresse séche en trois ou quatre doubles, & on l'arrête avec des bandes, selon l'usage.

Si la blessure est nouvelle & du tranchant de l'épée, & qu'elle ait besoin d'être réunie, il faut y faire un point d'éguille & y appliquer le baume ainsi qu'il vient d'être dit.

Dans les blessures de tête, on n'est pas obligé de trépaner; mais après avoir coupé les cheveux & réuni les parties séparées, on les guérit par la seule application de ce baume.

Jamais on ne met de tentes dans les playes nouvelles, ni aucun onguent, sans quoi on dissiperoit la vertu de ce baume; & deux ou trois jours suffisent pour leur guérison.

Toutes playes profondes, celles même de part en part seront guéries en quinze jours; & rarement en verra-t-on sortir du pus.

On pense le mal une fois par jour de la maniére qu'on l'a marqué, mais si la blessure n'est pas considérable, il suffira de lever l'appareil tous les deux jours. Il faut cependant être attentif à ne jamais laver la playe ni avec huile, ni avec vin, ni avec aucune autre liqueur, parce que le baume se coaguleroit & perdroit sa vertu, qui est de porter par le moyen de l'esprit de vin, de remettre la vie dans les chairs. Si néanmoins on avoit commencé à panser le mal avec les onguents ordinaires, il faut avoir soin de bien nétoyer & laver la playe avec de bon vin un peu chaud, la bien essuyer & la panser ainsi que nous avons marqué ci-dessus.

Baume pour guérir les Hémorrhoïdes externes & internes.

Au mois de mai prenez une bouteille à large embouchure & l'emplissez de fleurs jaunes du bassinet, autrement renoncules simples, qui viennent dans les prairies, & mettez par-dessus autant d'huile d'olive qu'elle en pourra contenir, & ajoutez-y pour chaque pinte d'huile la moitié d'un gros oignon de lys, que vous concasserez, sans néanmoins le piler entiérement ; mettez votre bouteille bien bouchée au soleil du mois de Juin ; mais sur-tout qu'elle soit bien fermée, & la remplissez à mesure que l'huile se consumera pendant les quinze premiers jours ; après quoi vous la laisserez au soleil le reste de l'été.

On applique ce baume avec du papier brouillard sur les hémorrhoïdes principalement en se couchant & quand on a été à la garde-robe.

Baume contre les Gouttes froides & Catharres.

Vous aurez une livre de térébenthine bien clarifiée ; avec trois livres d'huile d'olives ; huit onces de cire blanche ; huit onces d'huile de laurier ; une once d'huile d'aſpic ; deux onces d'huile de geniévre deux onces d'huile de ſpicanard ; une once d'huile de pétrole ; une once d'huile de millepertuis ; quatre onces de ſtorax calamite en poudre ; une once d'encens & d'oliban en larmes ; une once de myrrhe fine ; tout trois en poudre ; huit onces de bois de ſantal rouge en poudre bien fine, & deux onces d'eau-de-vie ; & ſi l'on ne trouvoit point d'huile de ſpicanard, il faudroit y ſuppléer par une once d'huile de petrole & une once d'huile d'aſpic ; & ſi l'on ne trouvoit point d'huile de geniévre, il faut en ſon lieu mettre quatre onces de graines de geniévre bien mures & les mieux nourries que l'on pourra trouver : les concaſſer & les faire cuir avec ſix onces d'huile d'olives, & quand les graines ſeront bien cuites, les paſſer & preſſer dans un linge, & en mettre quatre onces pour ſuppléer à l'huile de geniévre.

Manière de travailler ce Baume.

Lavez votre térébentine avec du vin blanc, que vous jetterez; après quoi mêlez la térébentine avec l'huile d'olives, la cire, le ſtorax, & la myrrhe & placez le tout ſur un feu de charbon en un pot neuf verniſſé; & quand il aura commencé à bouillir, ôtez le pot du feu & y mettez toutes vos autres huiles avec l'encens; remettez votre pot ſur les charbons pour continuer à le faire bouillir; & après un quart d'heure d'ébullition, ôtez le pot du feu & y mettez votre eau-de-vie, & le verſez auſſi-tôt dans un pareil pot neuf, ce qui calme l'action de l'eau-de-vie, qui eſt encore tempérée par le ſantal en poudre que vous y jettez; & remuez toujours en verſant le ſantal, ce qu'il faut continuer pendant une demi-heure, juſqu'à ce que votre compoſition ſoit à moitié refroidie. Les pots ne doivent pas contenir moins de quatre pintes, & plus ce baume eſt vieux, plus il eſt eſtimé.

Vertus & uſages de ce Baume.

1°. Il ſert pour les maux de tête qui viennent de froid, qu'il faut employer chaud & en frotter la partie malade.

2°. Pour la ſurdité, on le fait fondre,

on y trempe du coton & on le met chaudement dans l'oreille.

3°. Il remédie à la pierre & à la gravelle pour cela on en prend une demi-once dans un bouillon chaud, on s'en frotte les reins, les côtés, la verge, & le nombril, mais toujours un peu chaudement.

4°. Pour les fiévres qui commencent par le frisson on en boit une demi-once dans un bouillon assez chaud, & cela dans l'ardeur même de la fiévre.

5°. Il est utile pour rétablir les membres estropiés & retirés, en les frottant chaudement de ce baume & les enveloppant d'un linge chaud.

6°. Il remédie a tous les maux qui viennent de froideur en quelque partie du corps que ce soit.

7°. Il chasse toute obstruction & endurcissement de la rate en frottant la partie malade & s'abstenant de viande pesante & de difficile digestion.

8°. Pour la colique on en prend une demi-once dans du bouillon & l'on en frotte la partie malade avec une serviette bien chaude.

9°. Il dissipe les catharres, en frottant la partie affligée.

10°. Il remédie à la difficulté d'urine,

dont il ouvre les conduits en s'en frottant le côté & les passages de la vessie.

11°. Il soulage dans la paralysie, s'en frottant dix ou douze jours soir & matin.

12°. Pour toutes sortes de meurtrissûres, coupures & coups, il suffit de s'en frotter & d'en envelopper le mal.

13°. La brûlure de feu, d'eau ou de fer est bien-tôt dissipée par la seule application de ce baume sur la partie affectée, au moyen d'un papier brouillard.

14°. Dans les gouttes froides il suffit d'en frotter la partie malade.

15°. Et toute autre douleur provenant de froid demande d'en être bien frottée avec un linge chaud.

16°. Enfin ce baume est d'une nature si chaude, si pénétrante & si apéritive, qu'il est bon contre les douleurs qui demandent de la chaleur; il consume les mauvaises humeurs, dissipe les enflures, amolit les duretés, pourvû qu'il n'y ait point fracture d'os; mais observez de vous servir de ce baume le plus chaudement qu'on le pourra souffrir.

Baume verd dont les propriétés sont admirables & très-éprouvées.

Vous aurez quatre onces d'huile d'olives, & autant d'huile de lin; deux onces d'huile de laurier, & demi-once d'huile de raph; vitriol blanc pulvérisé trois dragmes; verd de gris en poudre six dragmes; quatre onces de térébenthine de Venise, & autant d'essence de geniévre, avec deux gros d'essence de girofle; ce baume n'est pas facile à faire; il faut avoir l'attention de n'employer qu'un feu médiocre, & remuer continuellement les drogues avec une spatule de bois tant qu'elles sont sur le feu; l'on met d'abord les deux premiéres huiles dans une poële à confitures que l'on fait cuire à feu modéré, remuant toujours pour les bien mêler & empêcher qu'elles ne brûlent lorsque ces huiles commencent à frémir on y ajoute l'huile de laurier, que l'on fait cuire environ un demi quart d'heure sans discontinuer de remuer; on met ensuite l'huile de raph, qui se cuit à peu près comme celle de laurier, mais il faut moins de temps; lorsque les huiles sont bien cuites on y mêle la poudre de vert de gris peu-à-peu, remuant pour la bien mêler; après un quart d'heure on y ajoute la térébentine de Venise hors du feu; & l'huile étant un peu refroidie on la remet sur le feu, où on la laisse cuire encore environ un quart d'heure sans cesser de remuer; enfin on retire le tout de dessus le réchaud & l'on y verse doucement les essences de geniévre & de girofle, que l'on remue toujours jusqu'à ce que ce baume ait perdu sa grande chaleur; on met ensuite le tout dans une large bouteille de verre sans craindre de la casser, parce que le baume n'est plus assez chaud, ce baume est souverain contre toutes les playes, blessures, ulcéres, chancres; & a été généralement & constament éprouvé toujouis avec un heureux succès; mais il ne s'emploie jamais qu'au dehors.

Huile de Cire contre les coups de feu & autres.

L'huile de cire se fait en la maniére suivante: vous prendrez de la cire jaune vierge, c'est-à-dire, qui n'ait pas encore été employée & qui n'ait été fondue, que pour la mettre en pain; vous la ferez fondre trois fois & à chaque fusion vous la jetterez dans du vin rouge une pinte par livre de cire & la gardez.

Faites bouillir deux pintes de la meilleure térébentine de Venise dans deux pintes de bon vin rouge, mélée & empâtée avec trois livres de sable bien net, ce qui sert à dégraisser la térébentine que vous garderez à part; puis voulant faire votre huile, vous la mêlerez par poids égal avec la cire coupée par morceau, & à chaque à chaque livre de l'un & de l'autre vous y ajouterez encore une livre de ſable ; mettez le tout dans une cornue luttée ſeulement par deſſous, & qu'elle ne ſoit qu'à moitié pleine ; placez la au feu de ſable & le conduiſez par dégrés depuis le feu le plus foible juſqu'au plus fort, tant que la diſtillation ſoit finie.

Quand l'huile ſortira en forme de gomme épaiſſe, pouſſez le feu & continuez juſqu'à la fin ; & vous diſtillerez cette premiére huile avec quatre onces de cendres de ſarment humectées & trempées avec un peu d'eau-de-vie. Vous mêlerez bien le tout & ferez cette ſeconde diſtillation comme la premiére ; puis dans une troiſiéme diſtillation vous joindrez à votre huile huit onces de bon eſprit de vin, par chaque livre de votre ſeconde huile de cire ; recommencez donc une troiſiéme diſtillation, & votre huile paſſera avec l'eſprit de vin dans le récipient. Vous pouvez conſerver cette troiſiéme diſtillation ou les matiéres mêlées enſemble, ou l'huile de cire & l'eſprit de vin chacun à part ; mais le tout bien bouché.

L'eſprit de vin eſt bon pour laver les playes & ulcéres ; mais l'huile eſt ſouveraine pour les bleſſures, brûlures de poudre à canon, ou autre accident ; elle empêche la gangrêne & diſſipe les humeurs boueuſes & baveuſes, auſſi bien que les inflammations; elle ôte tout venin des playes & bleſſures; rejoint les os rompus & briſés, pourvû qu'on les remette; inſinuée dans les oreilles, elle guérit toute fluxion; tempére la goutte de quelque cauſe qu'elle vienne: ne laiſſe aucune cicatrice aux playes; la playe doit être remplie de charpie trempée & bien imbibée dans cette huile un peu chaude & en mettre encore par deſſus la playe; ayez ſoin après avoir bien garni la bleſſure de cette huile, de mettre par deſſus un linge trempé dans de l'oxicrat, qui ôte le feu & empêche l'inflammation ce qui rend l'opération de l'huile encore plus efficace.

Autre huile de cire plus facile.

Prenez deux livres de cire jaune neuve; avec huit onces d'eſprit de vin; vous couperez la cire en petits morceaux que vous mettrez dans une cornue avec l'eſprit de vin. Donnez feu modéré d'abord, que vous augmenterez peu-à-peu; quand tout ſera diſtillé, ſéparez l'huile de l'eſprit & la gardez pour vous en ſervir contre les vieux ulcéres, auxquels elle eſt bonne.

Huile d'Oignon.

Vous prendrez une livre d'huile d'olives avec des oignons au poids de quatre onces pour le moins; vous les couperez par rouelle pour les mettre dans votre huile, que vous ferez bouillir dans un chaudron sur le feu, jusqu'à ce que les oignons soient bien cuits. Après quoi vous retirerez le chaudron du feu, & vous y mettrez environ une once de chaux-vive, pilée & concassée, & cependant vous remuerez toujours avec une spatule, de peur que la chaux ne fasse par sa fermentation répandre votre huile. Pour éviter cet accident, placez votre chaudron dans un plat ou terrine qui puisse recevoir l'huile, qui sans cela seroit perdue. Le tout étant un peu reposé, vous passerez votre composition par une toile claire & la mettrez dans un vaisseau pour vous en servir au besoin. On peut faire cette huile en plus grand volume, observant seulement les doses que j'ai marquées.

Cette huile est souveraine pour guérir toute playe nouvelle, pourvû qu'il n'y ait point d'os offensé: elle soulage dans les foulures, guérit les écorchures, tumeurs, enflures & toutes sortes de brûlures; est très-utile pour quantité d'autres maux, pourvû qu'on l'applique promptement. Il ne faut qu'en frotter le mal, & l'envelopper d'un linge, qui aura trempé dans cette huile.

Emplâtre de Butler contre la Peste.

Dans les grandes chaleurs de la canicule & au décours de la Lune, prenez quelques gros Crapeaux des plus vieux; de ceux sur-tout qui ont la téte noire & les yeux pleins de vers. On suspend ces Crapeaux par les deux jambes de derriére la téte en bas: on l'approche d'un petit feu, vers lequel on lui tourne le ventre. On met sous lui une terrine vernissée, que l'on enduit de cire jaune de l'épaisseur d'un écû; en cet état il jette sur la cire beaucoup de villenie, & enfin il meurt.

L'on prend tout ce qui est tombé dans le plat avec le corps du Crapeau que l'on fait sécher doucement au four. On le met en poudre, & l'on pétrit & mêle le tout ensemble avec la cire, qui sert de liaison pour former une pâte, dont on fait des médailles plattes de la grandeur d'un écû, que l'on met en un petit sac, qui peut être placé sur le cœur en temps de contagion & de peste. Ce reméde vient du fameux Butler, célébre par une pierre médecinale qu'il avoit, & qui étoit propre à la guérison de tous les maux, & dont on n'a jamais sçû la vraye composition. Il mit en pratique le reméde que nous donnons ici dans cette grande peste, qui affligea l'Angleterre au milieu du dernier siécle; & par ce moyen il a sauvé la vie à une infinité de personnes.

Pour être guéri de cette fatale maladie, on applique une de ces médailles sur le bubon ou charbon le plus éloigné du cœur, après cependant l'avoir mis tremper un quart d'heure dans de l'eau tiéde. On la met donc pendant un quart d'heure sur le bubon, qu'elle ne manque pas de faire percer & d'attirer par cet endroit tout le venin de la peste. Il est à remarquer que plus ces médailles ont servi à des pestiférés, plus elles ont de vertu contre ce mal. Il est bon de donner en même temps une bonne prise de Thériaque, on ne manquera pas de suer & d'être bientôt guéri.

De la Bétoine sauvage.

On trouve dans les prairies une bétoine, dont la fleur est de couleur violette & la graine noire, vous la prendrez dans sa parfaite maturité lorsqu'elle est en graine; macérez-là dans de bon vin pendant quelques jours & en distillez l'eau-de-vie, n'en tirez que le quart, cette eau est souveraine pour rétablir les vûes foibles, mise dans l'œil, & fortifie admirablement l'estomac, en buvant seulement une demi-once tous les matins. *Fioraventi Tesoro della vita humana*, lib. 4. cap. 42.

Extrait de Pavots rouges.

Mettez de l'esprit de vin sur les fleurs de Pavots rouges, que vous digérerez jusqu'à ce que cet esprit soit bien teint, puis le versez & y faites infuser de nouvelles fleurs, & digérez comme auparavant. Filtrez cette teinture & en distillez l'esprit de vin jusqu'à ce qu'il demeure au fonds en consistance de miel. On s'en sert au lieu de laudanum; on en prend dix à douze grains à la fois. Il fait dormir doucement, procure quelque sueur, & par ce moyen il dégage la poitrine, plus sûrement que le *laudanum*.

Pour faire venir les mois.

Il faut prendre de l'aigremoine, de la matricaire, du persil coupé fort menu, que vous mêlerez avec du gruau d'avoine; vous ferez cuire le tout avec du Porc frais. Vous mangerez cette soupe & non la viande.

Teinture de Geniévre.

Prenez des bayes de geniévre concassées, trois parties & une d'herbes aromatiques;

ſçavoir ſommités de romarin, de myrthe, thim & un peu de ſauge que vous pilerez bien & réduirez en poudre étant fort ſéches. Vous mettrez le tout dans un grand flacon aux ſeriſes, à la hauteur de la moitié de ſa capacité, & vous le remplirez d'eau-de-vie. L'infuſion étant faite, ce qui dure trois ſemaines ou un mois, vous pourrez en ſéparer l'eau-de-vie qui eſt teinte.

Cette teinture eſt admirable contre les coliques, dyſſenteries, défaillances & autres infirmités.

La doſe eſt de deux à trois cuillerées ſelon la complexion & l'état de la perſonne incommodée. Et afin qu'elle faſſe plus d'effet, vous pouvez à chaque doſe y ajoûter la moitié d'une cuillére à bouche de poudre de Vipéres, & vous tenir chaudement au lit pour ſuer.

Si vous laiſſez toutes ces herbes dans la bouteille avant que d'en tirer l'eau-de-vie, vous pouvez y ajoûter des filamens de Vipéres, mais en les pilant, & la vertu de la teinture en ſera beaucoup plus grande. Pour bien faire, il eſt bon de ne ſe ſervir d'eau-de-vie qu'aprés l'avoir diſtillée au bain, pour en ôter une eau rouſſe d'une odeur déſagréable, que la force du feu lui a donnée. *Le Crom.*

Extrait de Geniévre.

Vous prendrez des bayes de geniévre bien mûres, que vous pillerez grossiérement ; vous les ferez infuser chaudement pendant vingt-quatre heures, dans une quantité suffisante de vin blanc, que vous ferez bouillir un quart d'heure. Coulez par un gros linge ; distillez au bain la moitié ou les trois quarts de la liqueur & au fonds de la cucurbite, il vous restera l'extrait de geniévre, qui est spécifique pour la colique, les maux d'estomac, les indigestions & les vents ; il provoque l'urine, fortifie la mémoire & la vûe. Il est souverain contre la peste & les poisons. La dose est de deux ou trois cuillerées. *Quinti.*

Chaux de Coquilles d'œufs.

Prenez des coquilles d'œufs nouvellement cassés, la quantité que vous voudrez ; lavez les bien pour les nétoyer, faites sécher & les mettez trois jours dans de fort vinaigre distillé. Lavez-les ensuite dans de l'eau claire, & les faites sécher au Soleil. Pilez-les & les broyez, & votre chaux sera faite.

M. Helvétius qui donnoit dans la fiévre la chaux de coquille d'œufs au lieu de Quinquina, les calcinoit au four, &

en donnoit double dose, tant en infusion avec du vin qu'en substance.

Pour préserver un enfant & autre de Vermines.

Il faut prendre une éponge, la tremper en eau de vie tiéde & en frotter tout le corps de la personne.

Autre pour le même sujet.

Faites brûler des racines de fougére, & de la cendre vous en ferez une lessive, avec laquelle vous laverez la tête de l'enfant une fois ou deux tout au plus.

Pour faire mourir les Puces.

Prenez six ou sept pintes d'eau dans lesquelles vous ferez fondre huit onces de couperose blanche en poudre, puis remuez, & dès que la couperose sera fondue, aspergez la chambre de cette eau.

Autre pour le même sujet.

Aspergez la chambre avec de la décoction faite de rhuë, mêlée avec l'urine d'une jument.

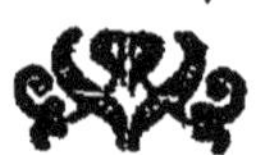

Pour détruire les Punaises.

Faites fondre du savon noir avec de la poix raisine en poudre, & en frottez les endroits où sont les punaises.

Autre pour le même sujet.

Le fiel de bœuf détrempé & bien battu avec de fort vinaigre, ou avec de l'huile de chenevi, & en frottez les jointures & divers autres endroits d'un bois de lit, fait mourir les punaises; & d'autres n'y reviennent jamais.

Autre contre les Punaises.

Faites bouillir de l'huile d'olive & du jus d'absynthe, puis en frottez chaudement les endroits, ou sont & ou se retirent les punaises.

Pour faire percer les dents aux Enfans sans douleur.

Frottez leur de temps en temps les gencives avec du sang tiré de la crête d'un vieux coq, a qui on la coupera.

Huile incombustible.

Prenez huile d'olives, deux livres; de la chaux vive & litarge, deux livres de chaque, broyez en poudre subtile, distillez par la cornue : & la diſtillation ſera repétée ſept fois, ajoûtant toujours chaux & litarge nouvelle ſelon la même doſe à chaque réïtération.

Autre moyen d'Huile Incombuſtible.

Prenez de l'huile d'olive, du ſel commun bien deſſéché & préparé auparavant par diſſolution & filtration ; & chaux vive, bien mêlée en poudre une livre de chaque ; diſtillez à feu de ſable gradué ; retirez les féces que calcinerez, remettez-en une nouvelle cornue, y remettant s'il eſt néceſſaire un peu de chaux, il faut repéter en tout cette diſtillation quatre fois & vous aurez une huile qui brûlera ſans ſe conſumer.

Huile qui ne fait ni ſuie ni champignon.

Vous mettrez de l'huile d'olive ce que vous voudrez vous y verſerez ſon double poids d'eau bouillante que vous mettrez en un pot qui puiſſe réſiſter à l'eau bouillante. Vous les battrez tous deux enſemble pendant trois ou quatre heures. Vous laiſſerez repoſer le tout, & vous ſéparerez l'huile d'avec l'eau par l'entonnoir.

Il ſeroit bon de ſe ſervir d'une méche d'amiante trempée dans de l'eſprit de vin camfré. Cette méche eſt incombuſtible.

Coupelle prompte & facile.

Comme on a quelquefois lieu de douter de la pureté de l'or que l'on veut employer en Médecine, voici une coupelle facile pour le purifier des métaux étrangers.

Prenez votre or ou votre argent altérés ; fondez-les avec poids égal de régule martial d'antimoine ; mettez le tout en poudre : puis ayez trois fois autant de nitre pur que de matiére à coupeller. Mettez la moitié de votre nitre au fond du creuset, puis par-dessus faites une couche de votre métail en poudre, & mettez ensuite le reste de votre nitre. Placez le creuset au fourneau à vent sous la cheminée, à cause des vapeurs dangereuses. Laissez prendre le feu au nitre sans souffler, & lorsqu'il sera consommé, vous trouverez vos métaux parfaits au fond du creuset.

Autre Coupelle très-facile pour l'or.

Vous prendrez une once d'or mêlé de quelqu'autre métail, & le fondrez en un creuset. Etant fondu, jettez dedans son double poids de plomb. Quand tout sera en fusion, jettez-y en diverses fois de la poudre suivante, le double poids de votre matiére, faisant toujours bon feu & remuant souvent avec un bâton. Quand votre poudre sera bien consommée, vous trouverez votre or très-pur au fond du creuset; s'il y avoit de l'argent il restera dans les scories que vous mettrez en poudre, puis en un creuset: & pour faciliter la fusion & séparation, vous y jetterez du sel de tartre ce qu'il en faut, & vous trouverez votre argent sans perte.

Poudre mentionnée ci-dessus.

Elle se fait avec égale quantité de sel armoniac, de soufre, & de tartre bien broyés & mêlés ensemble.

Autre Coupelle pour la purification de l'or & de l'argent.

L'usage ordinaire est de se servir de toutes sortes de cendres passées, lessivées & desséchées, dont on remplit des cercles de fer, de la grandeur, hauteur & profondeur telle qu'on jugera, & proportionnés à la matiére que l'on doit coupeller. On peut même faire travailler plusieurs coupelles à la fois. Lorsque ces cercles de fer sont remplis de la cendre préparée, on a une boule ou pillon, avec quoi l'on presse à force la cendre pour la comprimer; mais un peu d'eau gommée ne seroit pas inutile pour empêcher que le métail ne pénétre la cendre.

Quoi qu'on puisse employer toutes

sortes de cendres. Cependant il y en a deux qu'on doit préférer aux autres, sçavoir la cendre de sarment de vignes, qu'il faut pareillement lessiver pour en ôter les sels, l'autre est la cendre des os calcinés, & réduits en poudre impalpable ; on pourroit au besoin les lessiver ; mais on sçait que les os des animaux contiennent du sel volatil, & presque point de sel fixe. Entre ces os néanmoins les cornichons osseux qui se trouvent dans la corne du Mouton, sont préférables aux autres ; & l'on peut si l'on veut en faire la lessive comme des autres. J'y mets ordinairement un peu de chaux éteinte, & je m'en suis bien trouvé. Il faut ensuite les laisser sécher à l'ombre.

Moyen de tirer le mercure de l'argent.

J'ai promis de donner le moyen de faire le mercure d'argent : le voici. Vous prendrez de l'argent en chaux que vous imbiberez sept fois de suite d'huile de tartre, & que vous laisserez sécher à chaque fois ; puis mettez-y du menstrue ou eau-forte telle que nous allons la décrire, de maniére qu'elle surnage la matiére de quatre doigts ; fermez votre vaisseau, & vous distillerez votre menstrue, & au fond de la cucurbite vous trouverez le mercure, que vous purgerez, & ferez passer par le cuir.

Broyez les féces & les mettez en eau bouillante que vous agiterez avec un bâton ; & vous verrez le restant de votre mercure se former par globule. Vous le recueillerez & le joindrez au précédent.

Menstrue pour cette opération.

Vous mettrez parties égales de vitriol & de nitre, auec le quart de cinabre de l'une des susdittes matiéres ; mettez le tout en poudre, & mêlez exactement, joignez-y du bol commun le double poids de vos autres matiéres, & en tirez l'eau-forte par la cornue de verre bien luttée, & ce a feu gradué.

Puis prenez autant de sublimé corrosif qu'avez pris de cinabre : faites digérer trois ou quatre jours dans votre eau-forte, & distillez & cohobez sept fois. Tel est le menstrue pour tirer le mercure d'argent.

Autre moyen de tirer le mercure d'argent.

Vous prendrez deux onces de lune de coupelle que vous ferez dissoudre dans suffisante quantité d'eau-forte : puis y ajoûtez trois fois son poids de sel armoniac purifié ; & vous y joindrez de l'huile de tartre, moitié moins que vous n'avez mis de sel armoniac ; broyés & desséchés ; réitérez cinq ou six fois cette imbibition

& deſſiccation cinq ou ſix fois ; puis à feu léger ; ſublimez votre matiére, & prenez la ſublimation que vous mettrez en eau chaude, & ce ſera mercure d'argent. Broyez les féces avec eau chaude, & en tirez le reſte du mercure. Vous en aurez d'une & d'autre maniére un peu plus que la moitié du poids de votre argent. Je l'ai fait par ces deux voyes.

Autre pour le même ſujet.

Triturez du mercure avec du nitre pur, joignez-y ſon poids de chaux d'argent. Triturez de nouveau en y joignant de l'eſprit d'urine & ſon ſel volatil. Sublimez le tout enſemble, & l'argent monte en mercure. *Beccher Phyſica ſubterran. pag.* 800. *Edition. anni.* 1680.

Pour réparer l'Ecriture effacée de vieilleſſe.

Prenez noix de galles, que vous ferez tremper dans de l'eau pure l'eſpace de deux jours, & vous vous ſervirez de cette eau pour repaſſer ſur les lettres par tout où elles ne paroiſſent plus, ce qui ſe fait en mouillant un linge ou éponge fine dans ladite eau, dont vous frotterez le papier : & dès qu'il ſera ſec, les lettres ſeront auſſi belles & auſſi fraîches que ſi on ne faiſoit que les écrire.

Encre secrette qui paroît & disparoît.

Faites une infusion de noix de galles, que vous filtrerez à travers un papier gris & en écrivez.

Si vous voulez faire paroître l'écriture, frottez votre papier avec un pinceau, trempé dans l'infusion de vitriol; alors votre écriture paroîtra.

Si vous la voulez effacer sans endommager le papier, vous frotterez l'écriture avec un pinceau trempé dans de l'esprit de vitriol.

Pour faire reparoître une seconde fois l'écriture, frottez-la avec de l'huile de tartre par défaillance; & ainsi à l'infini.

Encre de Sympathie.

Prenez du sel de Saturne que vous ferez dissoudre dans l'eau commune; il s'en formera une liqueur laiteuse avec laquelle vous écrirez; laissez sécher & rien ne paroîtra.

Contre Encre.

Pour faire paroître cette Encre & la pouvoir lire, faites infuser deux onces de chaux-vive & une once d'orpiment dans un matras, dans lequel vous verserez douze onces d'eau un peu plus que tiéde, qui ſurpaſſera les matiéres de quatre bons doigts. Bouchez bien votre matras avec un bouchon de liége trempé dans de la cire. Mettez le matras en digeſtion à petit feu de ſable ou de cendres pendant douze heures, remuant de temps-en-temps. Laiſſez repoſer, vuidez la liqueur claire par inclination, qui a une odeur fétide. Vous en prendrez avec un pinceau que vous paſſerez ſur votre Encre blanche & ſur le champ l'écriture paroîtra noire.

C'eſt la maniére la plus ſimple & celle dont je me ſuis ſervi, & que j'ai donnée aux Miniſtres, qui en avoient beſoin pour le ſecret des affaires. Comme cette contre-Encre agit puiſſamment même enfermée dans une phiole; il la faut écarter de l'Encre que vous devez employer.

Et par occaſion je marquerai ici d'autres compoſitions d'encres, qui pourront être utiles.

Encre ordinaire.

Deux pintes de vin blanc, un verre d'eau-de-vie, huit onces de noix de galles noires & concaſſées, quatre onces de couperoſe verte, calcinée en cuillére de fer, une once de Gomme Arabique concaſſée, & demi-once d'alun calciné.

Mettez en une cruche & fermez bien après avoir remué les drogues deux ou trois fois le jour pendant huit jours en été, & quinze jours en hyver.

Après quoi vous pouvez vous en servir. Vous en pouvez tirer tous les quinze jours ou tous les mois, & y remettre autant de vin qu'on tire d'Encre, & remuez une fois ou deux.

Si l'Encre s'affoiblit, on peut tous les ans y remettre moitié des drogues ci-dessus, & un demi-verre d'eau-de-vie.

Autre Encre.

Noix de galles, huit onces.
Couperose verte, huit onces.
Gomme Arabique, cinq onces.
} le tout concassé.

Quatre pintes d'eau de pluye, faire infuser à froid quinze jours & remuez tous les jours.

Autre Encre.

Une pinte d'eau de pluye un peu chaude, trois onces de noix de galles concassées, trois onces de vitriol en poudre, une once de gomme arabique; faites infuser huit jours au Soleil, & remuéz tous les jours avec un bâton de figuier.

Autre Encre.

Deux pintes d'eau de pluye ou de riviére, une livre de Noix de galles à l'épine concassées, vitriol six onces en poudre, alun de roche en poudre deux onces, Gomme Arabique concassée trois onces, brasser sans feu ni soleil trois fois le jour, au bout de huit jours elle sera faite.

Si elle n'est pas assez noire, mettez du vitriol, si elle ne coule pas assez, mettez de l'alun en poudre, si elle coule trop, un peu de Gomme Arabique en poudre. Pour la rendre luisante, un peu d'écorce de grenade. Pour l'empêcher de geler, un peu d'esprit de vin.

Encre excellente.

Faites rapper une demi-livre de bois d'inde que vous ferez bouillir dans deux pintes de vin ou de vinaigre distillé, avec diminution d'un quart. Passez votre infusion, & y ajoûtez quatre onces de bonne noix de galles concassées, & les mettez dans une bouteille de verre que vous exposerez au Soleil d'été une huitaine; remuant le tout trois ou quatre fois le jour.

Mettez-y ensuite deux onces de bonne couperose verte, & laissez fondre & infuser quatre jours; puis y ajoûtez deux onces de gomme arabique concassée, laissez fondre pendant trois à quatre jours, remuant plusieurs fois dans la journée, laissez la reposer, & la versez doucement en une autre bouteille pour votre usage.

Le marc peut servir avec la même dose de vin ou de vinaigre, y augmentant seulement une chopine d'infusion de bois d'inde; il y en a qui à toutes ces drogues ajoutent encore une once de sang de Dragon, & l'Encre en est beaucoup meilleure.

Poudre d'Encre qu'on peut porter en voyage.

Ayez des noyaux de Pêches ou d'Abricots que vous calcinerez en charbon dans le feu. Joignez à deux onces de ces noyaux une once de noir de fumée; ajoûtez une once de noix de galles en poudre, deux onces de vitriol pulvérisé, & une demie-once de gomme arabique. Pulvérisez bien le tout & le passez au tamis de soye.

Mettez cette poudre en un sac de cuir, & quand on veut s'en servir, on en met ce qu'on juge nécessaire dans du vin, de l'eau ou du vinaigre, l'un de ces trois derniers un peu chauffé, & l'on écrit avec cette Encre.

Encre rouge.

Ayez une once de bois de Bresil rappé avec deux onces d'alun & autant de céruse, que vous ferez bouillir dans de l'eau, jusqu'à sécheresse: après quoi mettez-y de l'urine, de façon que les matiéres en soient imbibées & couvertes. Laissez ainsi votre Encre pendant quatre jours, la remuant ſouvent pour bien incorporer le tout.

Vous paſſerez enſuite votre Encre par un linge, & vous le mettrez en un vaiſſeau de verre découvert, & vous la laiſſerez deſſécher en un endroit à l'ombre. Et quand vous voudrez écrire, vous prendrez de votre compoſition & la détremperez dans de l'eau gommée.

Encre dont l'écriture ne ſe peut lire que dans l'eau.

Vous prendrez de l'alun de roche en poudre très-fine, vous la ferez fondre dans de l'eau tant qu'elle en pourra diſſoudre. Ecrivez avec cette eau, & laiſſez ſécher les lettres, & lorſque vous les voudrez lire, étendez le papier dans un plat rempli d'eau claire & les lettres paroîtront très-blanches, & le papier ſera de couleur griſe. Mais pour cela il faut prendre du papier commun, qui s'imbibe aiſément à l'eau.

Encre ſecrette pour écrire ſur le Papier.

Ecrivez avec du lait; laiſſez ſécher: puis pour faire paroître l'écriture, paſſez ſur le papier de la cendre de papier brûlé & frottez-en l'écriture qui paroîtra auſſitôt.

Pour faire le Cinabre ou le Vermillon.

Broyez bien du soufre vif avec poids égal de vif-argent ou mercure. Mettez-les en une cucurbite de verre, couverte de son chapiteau : donnez-lui feu de sublimation par dégrés, & il sera fait. *Quinti.*

Cinabre bleu.

Prenez vif-argent deux onces ; plomb & sel armoniac une once de chaque ; broyez le tout, & les mettez dans une cucurbite couverte à feu de sable, jusqu'à la sublimation, qui paroîtra de couleur azurée ; rompez le vaisseau & vous trouverez votre azur : ou bien broyez ensemble deux onces de vif-argent avec trois onces de soufre, & quatre onces de sel armoniac, faites sublimer & vous aurez cinabre d'azur. *Quinti.*

Pour empêcher qu'un fusil ne créve quand même on le chargeroit jusqu'à la bouche.

Démontez le canon de votre fusil ; lavez le bien avec de l'urine pour le nétoyer au-dedans. Et dès qu'il sera sec bouchez la lumiére avec un morceau de fer arrondi, & coulez-y du suif, tant qu'il soit plein. Mettez ensuite ce canon dans le four, après en avoir tiré le pain ; & le placez de maniére que la bouche soit plus élevée que la culasse, pour empêcher que le suif ne sorte en se fondant; & quand tout le suif sera consommé, mettez-le à l'épreuve. *Secrets de Quesnot, page* 284.

Pour blanchir l'Hyacinte.

Prenez du charbon de saule, de la limaille de fer, du soufre commun en poudre, de l'eau de Forge ou de Maréchaux; faites-en une pâte, & mettez dedans votre Hyacinte que vous placerez en un creuset avec un autre par-dessus bien lutté, vous mettrez le creuset dans un fourneau deux heures à feu de charbon; retirez votre creuset, laissez refroidir & il sera très-blanc, mais tendre. Pour le durcir, il faut le mettre dans un pain d'une livre de pâte commune, le faire mettre au four d'un Boulanger, & il sera très-dur. *Eprouvé.*

Pour perfectionner les Cailloux de Bohême.

Prenez un de ces cailloux le plus beau, que vous mettrez dans une pâte faite de limaille de fer, de chaux-vive & de sang de bœuf. Faites calciner vingt-quatre heures entre deux creusets bien luttés. Ayez soin de le faire tailler, & vous verrez son brillant & sa perfection. *Eprouvé.*

Fin du cinquième Volume.

TABLE

TABLE DES MATIÉRES

Contenues dans le Tome V. de la Chymie.

A.

B.

C.

D.

E.

I.

K.

L.

M.

N.

O.

Q.

R.

S.

T.

S v

V.

Z.

TABLE ALPHABÉTIQUE DES MALADIES,

Dont les Remédes sont indiqués dans le Tome V. de la Chymie.

A.

B.

C.

D.

E.

F.

G.

H.

J.

N.

O.

P.

R.

S.

Sang

T.

V.

Y.

Fin de la Table des Matières du Tome V.

www.ingramcontent.com/pod-product-compliance
Ingram Content Group UK Ltd.
Pitfield, Milton Keynes, MK11 3LW, UK
UKHW012146240726
13966UKWH00001B/170